BASIC MATHEMATICS FOR ENGINEERING

공학 기초 수학

해답수록

김문희 · 최언숙 지음

KM 경문사

차례

CHAPTER 1 식의 계산

1.0 간단한 식의 정리 1
1.1 다항식의 전개와 인수분해 2
1.2 다항식의 나눗셈 11
1.3 인수정리와 고차식의 인수분해 15
1.4 유리식과 무리식 18
연습문제 24

CHAPTER 2 방정식과 부등식

2.1 일차방정식 27
2.2 이차방정식 28
2.3 여러 가지 방정식 36
2.4 부등식 43
연습문제 61

CHAPTER 3 함수

3.1 함수의 정의와 그래프 65
3.2 다항함수 74
3.3 유리함수와 무리함수 86
3.4 지수함수와 로그함수 96
연습문제 117

CHAPTER 4 삼각함수

4.1 삼각함수의 정의와 성질 121
4.2 삼각함수의 그래프 132
4.3 여러 가지 공식 136
4.4 삼각방정식과 삼각부등식 150
연습문제 154

해답 157
참고문헌 171
찾아보기 173

CHAPTER

1 식의 계산

1.0 간단한 식의 정리

덧셈, 뺄셈, 곱셈, 나눗셈, 괄호가 포함된 식에서는 우선순위가 있다. 우선순위 법칙에 대한 순서는 다음과 같다.

괄호 / 나눗셈 / 곱셈 / 덧셈 / 뺄셈

다음 몇 가지 예를 살펴보자.

예제 1.0.1

다음을 간단히 하여라.

(1) $(x+4x)\times 3x-5x$　　(2) $x\div 2x+3x-5x$

(3) $2x\div(6x+3x-5x)$　　(4) $(4x+3x)2x+x\div 4x-6x$

#풀이 (1) $(x+4x)\times 3x-5x=5x\times 3x-5x=15x^2-5x$

(2) $x\div 2x+3x-5x=\dfrac{x}{2x}+3x-5x=\dfrac{1}{2}+3x-5x=\dfrac{1}{2}-2x$

(3) $2x\div(6x+3x-5x)=2x\div 4x=\dfrac{2x}{4x}=\dfrac{1}{2}$

(4) $(4x+3x)2x+x\div 4x-6x=7x\times 2x+\dfrac{x}{4x}-6x=14x^2+\dfrac{1}{4}-6x$

문제 1.0.1 다음을 간단히 하여라.

(1) $3x+2x\times 4x-x$　　(2) $(2x+x)\times 4x-3y$

(3) $(x+2x)3x+2x\div 6x-4x$　　(4) $5x+2x\times 3x+x\div(2x-9x)$

(5) $x\div 5x-x+(2x-3x)x$　　(6) $3x+2x\times 5x+4x\div 2x-6x$

1.1 다항식의 전개와 인수분해

수 또는 문자의 곱으로 이루어진 식을 항이라 한다. 수와 몇 개의 문자의 곱으로 이루어진 식을 단항식, 두 개 이상의 단항식의 합으로 이루어진 식을 다항식이라고 한다. 예를 들어, 식 $5x-2y+xy+3$은 단항식 $5x$, $-2y$, xy, 3이 합해진 다항식이다. 이때 단항식 3과 같이 문자를 갖지 않고 숫자로만 이루어진 항을 상수항이라 하고, 문자에 곱해진 숫자는 계수라 한다. 그리고 단항식에서 곱해진 문자의 개수를 그 문자에 대한 차수라 하고, 다항식에서 특정한 문자에 대하여 차수가 가장 큰 항의 차수를 다항식의 차수로 정한다. 예를 들어, 단항식 x^2y^3은 x에 대하여 2차식, y에 대하여 3차식이다.

다항식의 덧셈은 다항식에 있는 각 항을 모두 더한 다음 동류항끼리 묶어서 정리하고, 뺄셈은 빼는 다항식의 각 부호를 바꾸어 더한 다음 동류항끼리 묶어서 정리한다. 이때 결합법칙과 분배법칙을 적절하게 이용한다.

예를 들어 $3x^2+6x-5$와 $7-12x+5x^2+3x^3$의 덧셈을 하면

$$\begin{aligned}
&(3x^2+6x-5)+(7-12x+5x^2+3x^3)\\
&=3x^2+6x-5+7-12x+5x^2+3x^3\\
&=3x^3+3x^2+5x^2+6x-12x-5+7\\
&=3x^3+(3+5)x^2+(6-12)x+(-5+7)\\
&=3x^3+8x^2-6x+2
\end{aligned}$$

프랑수아 비에트(Francois Viete; 1540~1603)

16세기의 가장 위대한 프랑스 수학자는 프랑수아 비에트(François Viète)로서 흔히 그를 라틴어 이름인 비에타(Vièta)라고도 부르는데 그는 고등법원 판사로 일하면서 대부분의 여가시간을 수학에 몰두했다. 그는 1540년에 퐁테네(Fontenay)에서 태어나서 1603년에 파리에서 죽었다. 비에트는 스페인과 전쟁 중에 수백 개의 문자로 된 암호문을 해독하는 데 성공하여 프랑스가 2년 동안 전쟁에서 유리한 전략을 세울 수 있었다. 그러자 스페인의 필립 2세(Philip II)는 그 암호문이 절대로 해독될 수 없는 것으로 믿은 나머지 교황에게 프랑스가 "기독교 신앙의 실천을 위배하여" 악마를 고용했다고 불평했다. 비에트는 수학에 일단 몰입하면 서재에서 며칠 동안이고 밖으로 나오지 않았다고 전해진다. 비에트는 뛰어난 대수학자였으므로 그가 기하학에 대수와 삼각법을 응용했다는 것은 그리 놀라운 일이 아니다. 그는 고대의 3대 작도 문제 중, 각의 삼등분과 배적의 문제가 3차 방정식의 해법에 의존한다는 것을 보임으로써 그 문제들의 연구에 진일보를 가져다주었다. 문자식의 계산에 대한 규칙은 13세기경부터 생각되었으나 현재와 같은 꼴로 발전되기까지는 비에트의 공이 컸다고 알려져 있다. 그 때문에 그는 '대수학의 아버지'라고 불리기도 한다.

이고, 뺄셈을 하면

$$\begin{aligned}&(3x^2+6x-5)-(7-12x+5x^2+3x^3)\\&=3x^2+6x-5-7+12x-5x^2-3x^3\\&=-3x^3+3x^2-5x^2+6x+12x-5-7\\&=-3x^3+(3-5)x^2+(6+12)x+(-5-7)\\&=-3x^3-2x^2+18x-12\end{aligned}$$

이다.

위 계산은 다음과 같이 동류항을 맞추어 세로셈을 할 수 있다.

$$\begin{array}{rrrrr} & 3x^3 & +5x^2 & -12x & +7\\ + & & 3x^2 & +6x & -5\\ \hline & 3x^3 & +8x^2 & -6x & +2\end{array}\qquad\qquad\begin{array}{rrrrr} & & 3x^2 & +6x & -5\\ - & 3x^3 & +5x^2 & -12x & +7\\ \hline & -3x^3 & -2x^2 & +18x & -12\end{array}$$

예제 1.1.1

다음 식을 계산하라.

(1) $(5x^3-x^2+7x-10)+(-2x^3+2x^2-4x+5)$

(2) $(2x^3-3xy+2y^2)-(-5x^2+6xy+5y^2)$

#풀이 (1) $(5x^3-x^2+7x-10)+(-2x^3+2x^2-4x+5)$

$=(5-2)x^3+(-1+2)x^2+(7-4)x+(-10+5)$

$=3x^3+x^2+3x-5$

(2) $(2x^3-3xy+2y^2)-(-5x^2+6xy+5y^2)$

$=2x^3-3xy+2y^2+5x^2-6xy-5y^2$

$=2x^3+5x^2+(-3-6)xy+(2-5)y^2$

$=2x^3+5x^2-9xy-3y^2$

문제 1.1.1 다음 두 다항식 A와 B에 대하여 $A+2B$, $2A-3B$를 계산하라.

(1) $A=3x^2-4x+5$, $B=-2x^2+5x-3$

(2) $A=3x^2-4xy+5y^2$, $B=x^2-6xy+7y^2$

다항식의 곱셈은 다항식을 전개하는 것과 마찬가지이다. 다항식 x^2+x-2와 $3x-2$

의 곱셈은 교환법칙, 결합법칙, 분배법칙을 이용하여 전개하면 된다.

분배법칙

$$\begin{aligned}(3x-2)(x^2+x-2) &= 3x(x^2+x-2)-2(x^2+x-2)\\ &= 3x^3+3x^2-6x-2x^2-2x+4 \quad \text{분배법칙}\\ &= 3x^3+(3-2)x^2+(-6-2)x+4 \quad \text{결합법칙}\\ &= 3x^3+x^2-8x+4\end{aligned}$$

예제 1.1.2

다음 식을 전개하라.

(1) $(2x^2-x+3)(3x-2)$ (2) $(x-2y+1)(2x+5y)$

#풀이 (1) $(2x^2-x+3)(3x-2)=6x^3-4x^2-3x^2+2x+9x-6$
$=6x^3-7x^2+11x-6$

(2) $(x-2y+1)(2x+5y)=2x^2+5xy-4xy-10y^2+2x+5y$
$=2x^2+xy-10y^2+2x+5y$

문제 1.1.2 다음 식을 전개하라.

(1) $(x^2+3x+2)(x^2-x+2)$

(2) $(x-2y+3)(x+2y-3)$

다음의 곱셈식은 분배법칙을 이용하여 전개해도 좋지만 곱셈공식으로 기억하고 있으면 편리하다.

곱셈공식

(1) $(a+b)^2=a^2+2ab+b^2$

(2) $(a-b)^2=a^2-2ab+b^2$

(3) $(a+b)(a-b)=a^2-b^2$

(4) $(x+a)(x+b)=x^2+(a+b)x+ab$

(5) $(ax+b)(cx+d)=acx^2+(ad+bc)x+bd$

(6) $(a+b+c)^2 = a^2 + b^2 + c^2 + 2ab + 2bc + 2ac$

(7) $(a+b)^3 = a^3 + 3a^2b + 3ab^2 + b^3$

(8) $(a-b)^3 = a^3 - 3a^2b + 3ab^2 - b^3$

(9) $(a+b)(a^2 - ab + b^2) = a^3 + b^3$

(10) $(a-b)(a^2 + ab + b^2) = a^3 - b^3$

#증명 위 공식 중 복잡한 몇 가지에 대해서만 증명하도록 한다.

$$\begin{aligned}(a+b+c)^2 &= \{(a+b)+c\}^2 \\ &= (a+b)^2 + 2(a+b)c + c^2 \\ &= a^2 + 2ab + b^2 + 2ac + 2bc + c^2 \\ &= a^2 + b^2 + c^2 + 2ab + 2bc + 2ac\end{aligned}$$

$$\begin{aligned}(a+b)^3 &= (a+b)^2(a+b) \\ &= (a^2 + 2ab + b^2)(a+b) \\ &= a^3 + a^2b + 2a^2b + 2ab^2 + ab^2 + b^3 \\ &= a^3 + 3a^2b + 3ab^2 + b^3\end{aligned}$$

위 등식에서 b 대신 $-b$를 대입하면

$$(a-b)^3 = a^3 - 3a^2b + 3ab^2 - b^3$$

이다. 위 두 곱셈공식을 그림으로 표현하면 다음과 같다.

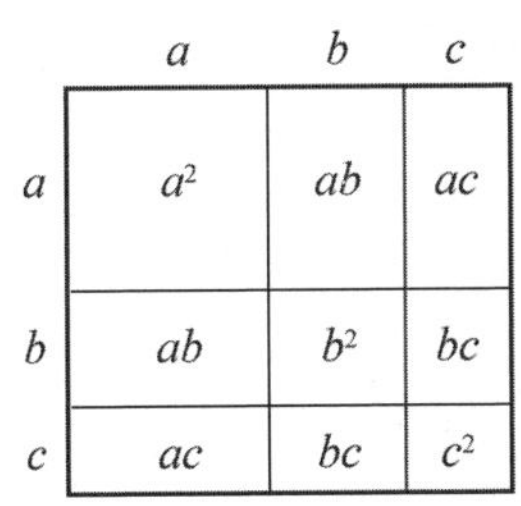

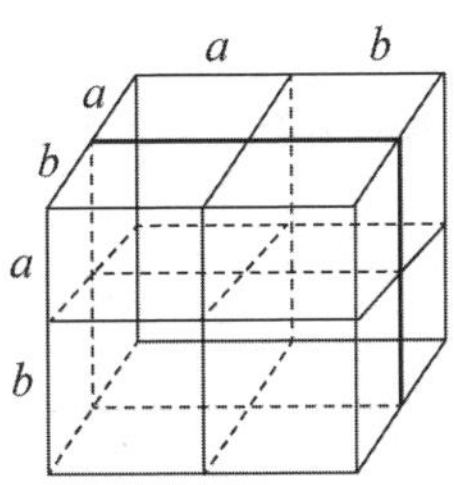

예제 1.1.3

곱셈공식을 이용하여 다음 식을 전개하라.

(1) $(x-y+2z)^2$ (2) $(x+3)^3$

#풀이 (1) $(x-y+2z)^2 = x^2 + (-y)^2 + (2z)^2 + 2x(-y) + 2(-y)(2z) + 2x(2z)$

$$= x^2 + y^2 + 4z^2 - 2xy - 4yz + 4xz$$

(2) $(x+3)^3 = x^3 + 3x^2 \cdot 3 + 3x \cdot 3^2 + 3^3$

$= x^3 + 9x^2 + 27x + 27$

문제 1.1.3 곱셈공식을 이용하여 다음 식을 전개하라.

(1) $(2x+3y-z)^2$

(2) $(x-2y)(x^2+2xy+4y^2)$

(3) $(3x-2)^3$

(4) $(2x+3y)(4x^2-6xy+9y^2)$

$(x+1)(x+2)$를 전개하면 x^2+3x+2이다. 또 곱셈공식을 거꾸로 적용하면

$$x^2+3x+2 = (x+1)(x+2)$$

와 같이 x^2+3x+2를 $x+1$과 $x+2$의 곱으로 나타낼 수 있다. 이와 같이 한 다항식을 몇 개의 다항식의 곱으로 나타낼 수 있을 때, 이러한 다항식들을 처음 식의 **인수(factor)**라 한다. 앞의 식에서 $x+1$, $x+2$는 x^2+3x+2의 인수이다. 또 $x^2+3x+2 = (x+1)(x+2)$와 같이 한 다항식을 몇 개의 인수들의 곱으로 나타내는 것을 그 다항식을 '**인수분해(factorization)한다**'고 한다.

$$x^2+3x+2 \underset{\text{전 개}}{\overset{\text{인수분해}}{\rightleftarrows}} (x+1)(x+2)$$

인수분해는 다항식의 전개과정을 역으로 생각하면 되므로 곱셈공식에서 좌변과 우변을 바꾸어 쓰면 다음 공식을 얻는다.

인수분해공식

(1) $a^2+2ab+b^2 = (a+b)^2$

(2) $a^2-2ab+b^2 = (a-b)^2$

(3) $a^2-b^2 = (a+b)(a-b)$

(4) $x^2+(a+b)x+ab = (x+a)(x+b)$

(5) $acx^2+(ad+bc)x+bd = (ax+b)(cx+d)$

(6) $a^2+b^2+c^2+2ab+2bc+2ac = (a+b+c)^2$

(7) $a^3+3a^2b+3ab^2+b^3 = (a+b)^3$

(8) $a^3 - 3a^2b + 3ab^2 - b^3 = (a-b)^3$

(9) $a^3 + b^3 = (a+b)(a^2 - ab + b^2)$

(10) $a^3 - b^3 = (a-b)(a^2 + ab + b^2)$

예제 1.1.4

다음을 인수분해하라.

(1) $3a^2b - 6a$

(2) $4x^2 + 12xy + 9y^2$

(3) $16x^2 - 49$

(4) $9a^2 - \frac{3}{2}ab + \frac{1}{16}b^2$

(5) $x^2 - 9x - 22$

(6) $x^2 - x - 42$

(7) $4x^2 + 8x + 3$

(8) $2x^2 - xy - 6y^2$

(9) $x^3 - 8$

(10) $x^3 + 6x^2 + 12x + 8$

 # 풀이 (1) 분배법칙을 이용하여 공통인수 $3a$를 묶어서 인수분해하면

$$3a^2b - 6a = 3a(ab-2)$$

이다.

(2) 인수분해공식 (1)을 이용하면 다음과 같다.

$$4x^2 + 12xy + 9y^2 = (2x)^2 + 2 \cdot 2x \cdot 3y + (3y)^2 = (2x+3y)^2$$

(3) 인수분해공식 (3)을 이용하면 다음과 같다.

$$\begin{array}{ccccc} & a^2 & -\,b^2 = & (a+b) & (a-b) \\ & \downarrow & \downarrow & \downarrow\ \downarrow & \downarrow\ \downarrow \\ 16x^2 - 49 = & (4x)^2 & -\,7^2 = & (4x+7) & (4x-7) \end{array}$$

(4) 인수분해공식 (2)를 이용하면 다음과 같다.

$$9a^2 - \frac{3}{2}ab + \frac{1}{16}b^2 = (3a)^2 - 2 \cdot 3a \cdot \frac{1}{4}b + \left(\frac{1}{4}b\right)^2 = \left(3a - \frac{1}{4}b\right)^2$$

(5) 인수분해공식 (4)를 이용하기 위해 먼저 더해서 -9가 되며 곱해서 -22가 되는 두 수를 구한다. 먼저 곱이 -22가 되는 두 수는 $(-2,\ 11)$, $(2,\ -11)$이다. 그중 더해서 -9가 되는 것은 $2,\ -11$이다. 따라서 공식으로부터 다음이 성립한다.

$$x^2-9x-22=x^2+(2+(-11))x+2\cdot(-11)=(x+2)(x-11)$$

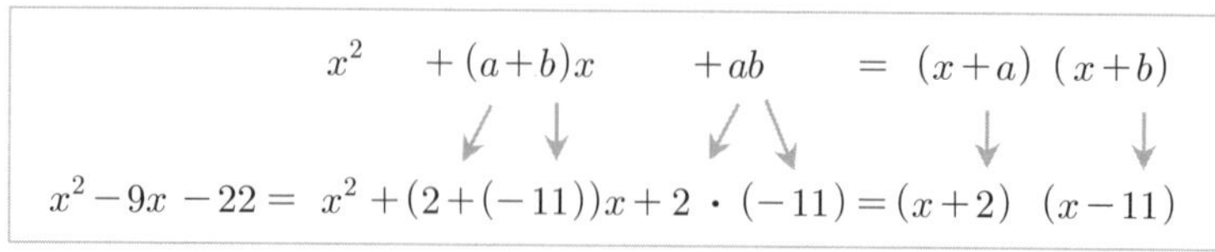

(6) 더해서 -1, 곱해서 -42가 되는 인수는 -7과 6이다. 즉 인수분해하면 다음과 같다.

$$x^2-x-42=(x-7)(x+6)$$

(7) 인수분해공식 (5)를 이용하여 인수분해하려면 $ac=4$, $ad+bc=8$, $bd=3$을 만족하는 네 정수 a, b, c, d를 찾으면 된다.

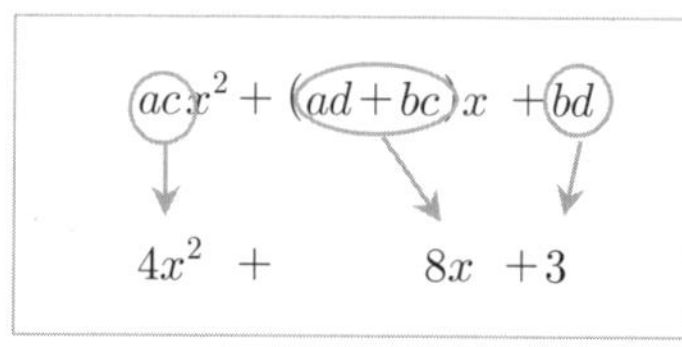

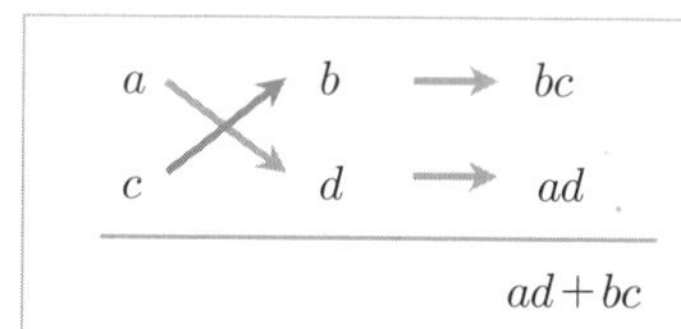

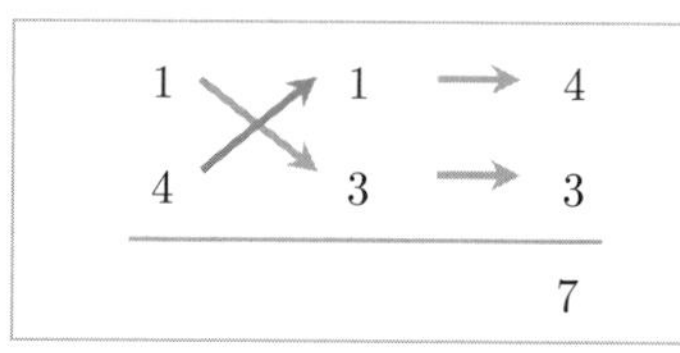

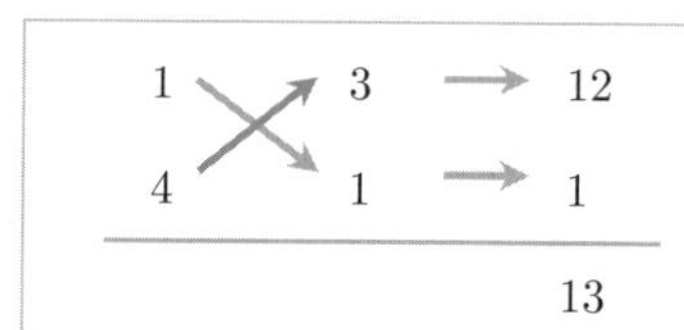

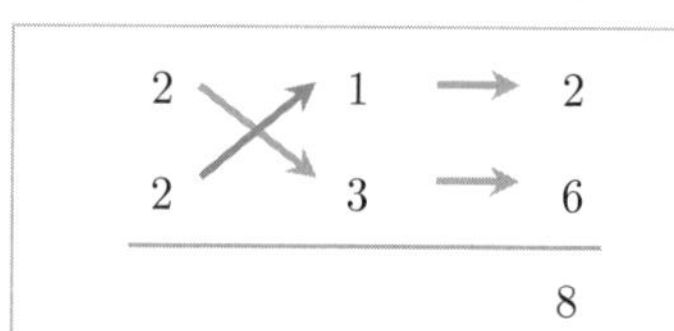

위에서 $a=2$, $b=1$, $c=2$, $d=3$이다. 따라서 $4x^2+8x+3$은

$$4x^2+8x+3=(2x+1)(2x+3)$$

과 같이 인수분해된다.

(8) $2x^2-xy-6y^2$을 인수분해하면

$$2x^2-xy-6y^2=(2x+3y)(x-2y)$$

와 같이 인수분해할 수 있다.

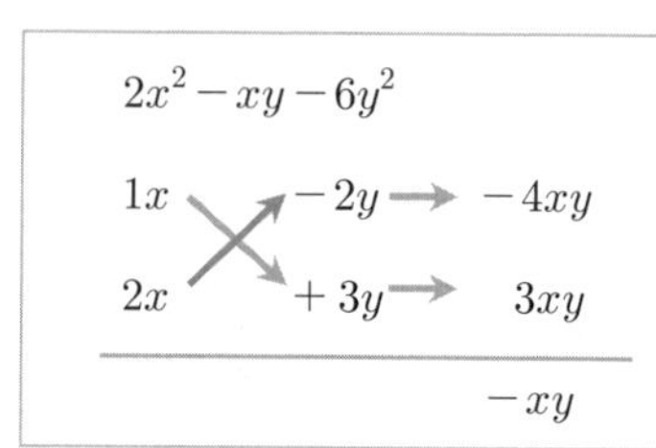

(9) $8=2^3$이므로

$$x^3-8=x^3-2^3=(x-2)(x^2+2x+4)$$

(10) $x^3+6x^2+12x+8$에서 $6=3\cdot2$, $12=3\cdot2^2$, $8=2^3$이므로

$$x^3+6x^2+12x+8=x^3+3\cdot x^2\cdot 2+3\cdot x\cdot 2^2+2^3$$
$$=(x+2)^3$$

문제 1.1.4 다음을 인수분해하라.

(1) xy^2-x^2y

(2) $16x^2-24xy+9y^2$

(3) $9x^2+6xy+y^2$

(4) $4x^2-100y^2$

(5) $x^2-9x+14$

(6) x^2+7x+6

(7) $3x^2+7xy+2y^2$

(8) x^3+3x^2+3x+1

(9) x^4-1

(10) $8x^3-y^3$

여러 개의 문자를 포함하고 있는 복잡한 식을 인수분해할 때는 먼저, 한 문자에 대하여 내림차순으로 정리하거나, 몇 개의 항을 알맞게 묶어서 인수분해의 공식을 이용할 수 있도록 변형하여 인수분해하면 편리하다. 특히 공통부분이 있는 경우는 그것을 한 문자로 치환하여 공식을 얻는다.

복잡한 식의 인수분해

항이 네 개일 때

- 두 개씩 짝을 맞춘 다음 공통인수를 찾는다.
- 완전제곱꼴을 찾아서 A^2-B^2의 합·차 공식을 이용한다.

한 문자에 관해 내림차순으로 정리

- 2개 이상의 문자 또는 항이 다섯 개 이상일 때 차수가 낮은 문자에 대하여 내림차순으로 정리한다.
- 공통부분이 있는 경우 치환하여 인수분해한다.
- 상수항이 긴 경우 상수항만 따로 인수분해한 다음 전체를 인수분해한다.

복이차식 형태

- $x^2=t$라 두고 인수분해한다.
- 위 방법이 안 될 때는 완전제곱형으로 고쳐 A^2-B^2꼴로 변형한 다음 인수분해한다.

다음 흐름도는 인수분해를 하기 위한 단계를 나타낸 것이다.

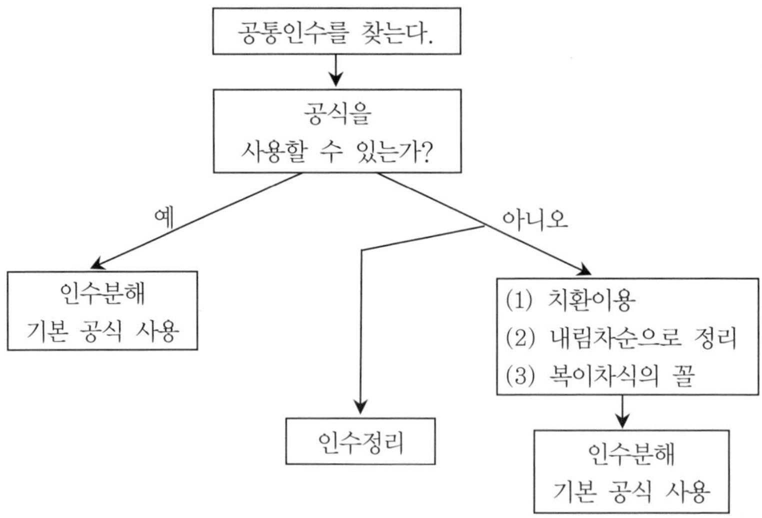

예제 1.1.5

다음을 인수분해하라.

(1) $x^4 + x^2z^2 - y^2z^2 - y^4$　　(2) $x^2 + 4y^2 - z^2 - 4xy$

(3) $x^2 - (2a+3)x + (a+1)(a+2)$　　(4) $(x+y)^2 + 2(x+y)z + z^2$

(5) $3x^4 - x^2 - 2$　　(6) $x^4 + x^2 + 1$

#풀이　(1)은 공통인수가 있는 꼴이다.

$$\begin{aligned} x^4 + x^2z^2 - y^2z^2 - y^4 &= (x^4 - y^4) + z^2(x^2 - y^2) \\ &= (x^2 - y^2)(x^2 + y^2) + z^2(x^2 - y^2) \\ &= (x^2 - y^2)(x^2 + y^2 + z^2) \\ &= (x - y)(x + y)(x^2 + y^2 + z^2) \end{aligned}$$

(2)는 완전제곱꼴로 고쳐서 푸는 문제이다.

$$\begin{aligned} x^2 + 4y^2 - z^2 - 4xy &= (x^2 - 4xy + 4y^2) - z^2 \\ &= (x - 2y)^2 - z^2 \\ &= (x - 2y + z)(x - 2y - z) \end{aligned}$$

(3) $x^2-(2a+3)x+(a+1)(a+2)=(x-a-1)(x-a-2)$

$x \quad -(a+1)$

$x \quad -(a+2)$

(4) $x+y=t$로 치환하면

$$\begin{aligned}(x+y)^2+2(x+y)z+z^2&=t^2+2tz+z^2\\&=(t+z)^2\\&=(x+y+z)^2\end{aligned}$$

(5) $x^2=t$로 치환하면

$$\begin{aligned}3x^4-x^2-2=3t^2-t-2&=(3t+2)(t-1)\\&=(3x^2+2)(x^2-1)=(3x^2+2)(x-1)(x+1)\end{aligned}$$

(6) $x^2=t$로 치환하면

$$\begin{aligned}x^4+x^2+1=t^2+t+1&=(t^2+2t+1)-t\\&=(t+1)^2-t\\&=(x^2+1)^2-x^2\\&=(x^2+1+x)(x^2+1-x)\end{aligned}$$

문제 1.1.5 다음을 인수분해하라.

(1) $(x+y)^2-(x+y)z-2z^2$

(2) $x^3-xy^2-y^2z+x^2z$

(3) $4xy+1-4x^2-y^2$

(4) $6x^2y^2-x^4-y^4$

(5) $(x+1)(x+2)(x+3)(x+4)+1$

(6) $(1-2x-x^2)(1-2x+3x^2)+4x^4$

(7) $4x^4-5x^2+1$

(8) x^4+9x^2+25

1.2 다항식의 나눗셈

다항식을 0이 아닌 다항식으로 나눌 때에는 각 다항식을 내림차순으로 정리한 다음, 정수의 나눗셈과 같은 방법으로 계산한다. 예를 들어, $(3x^3-8x^2+8x+5)\div(x^2-2x+1)$은 다음과 같이 계산할 수 있다.

$$
\begin{array}{rll}
 & \boxed{3x \quad -2} & \\
B \rightarrow x^2-2x+1 & \big)\overline{3x^3 \; -8x^2 \; +8x \; +5} & \leftarrow A \\
 & 3x^3 \; -6x^2 \; +3x & \leftarrow B \cdot 3x \\
\hline
 & -2x^2 \; +5x \; +5 & \leftarrow A-(B \cdot 3x) \\
 & -2x^2 \; +4x \; -2 & \leftarrow B \cdot (-2) \\
\hline
 & \boxed{x \; +7} & \leftarrow A-B(3x-2)
\end{array}
$$

$x+7$은 x^2-2x+1보다 차수가 낮으므로 더 이상 계산하지 않는다.

그러므로 위에서 A를 피제수, B를 제수라 할 때 $(3x^3-8x^2+8x+5) \div (x^2-2x+1)=(x^2-2x+1)(3x-2)+(x+7)$이다. 이때 $3x-2$가 몫, $x+7$은 나머지이다. 일반적으로 다항식의 나머지에 대하여 다음이 성립한다.

정리 1.2.1

다항식 A를 다항식 $B(\neq 0)$로 나누었을 때의 몫을 Q, 나머지를 R이라 하면 다음을 만족한다.

$$A=BQ+R \quad (\text{단, } (R\text{의 차수}) < (B\text{의 차수}))$$

예제 1.2.1

다음을 계산하고 몫과 나머지를 구하라.

(1) $(x^2+3x+2) \div (x+2)$ (2) $(2x^3+3x^2+4) \div (x^2+x+2)$

 # 풀이 (1)

$$
\begin{array}{rl}
 & x \; +1 \\
x+2 & \big)\overline{x^2 \; +3x \; +2} \\
 & x^2 \; +2x \\
\hline
 & x \; +2 \\
 & x \; +2 \\
\hline
 & 0
\end{array}
$$

몫 : $x+1$ 나머지 : 0

(2)

$$
\begin{array}{rl}
 & 2x \; +1 \\
x^2+x+2 & \big)\overline{2x^3 \; +3x^2 \qquad +4} \\
 & 2x^3 \; +2x^2 \; +4x \\
\hline
 & x^2 \; -4x \; +4 \\
 & x^2 \; +x \; +2 \\
\hline
 & -5x \; +2
\end{array}
$$

몫 : $2x+1$ 나머지 : $-5x+2$

다항식 $P(x)$를 일차식으로 나누는 경우 계수만을 고려하여 계산하는 **조립제법**을 이용하면 간단히 몫과 나머지를 구할 수 있다.

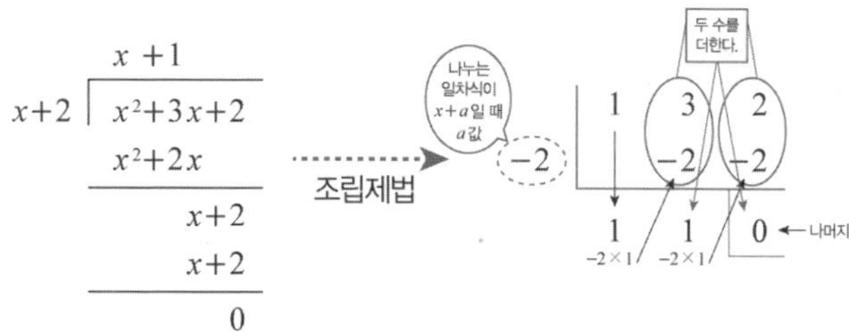

문제 1.2.1 다음을 계산하고 몫과 나머지를 구하라.

(1) $(2x^2+5x-2)\div(2x+1)$

(2) $(3x^3+5x+2)\div(x^2-1)$

(3) $(x^3-3x^2-6x+8)\div(x-2)$

(4) $(x^3-3x^2+x-1)\div(x^2-2x-3)$

등식 $2x+1=2(x+1)-1$을 보면 x에 어떤 값을 대입해도 좌변과 우변의 값이 같다. 앞에서 살펴보았던 x에 대한 다항식 A, $B(\neq 0)$에 대하여 A를 B로 나눈 몫을 Q, 나머지를 R이라 할 때

$$A=BQ+R$$

라 표현할 수 있고, 이때 x에 어떤 값을 대입해도 좌변과 우변의 값이 같다.

문자를 포함한 등식에서 그 문자에 어떤 값을 대입해도 항상 성립하는 등식을 그 문자에 대한 **항등식(identity)**이라 한다. $2x-3=1$과 같이 어떤 특정한 값에 대하여만 성립하는 등식을 그 문자에 대한 **방정식(equation)**이라 한다.

일반적으로 항등식에는 다음과 같은 성질이 있다.

정리 1.2.2 | 항등식의 성질

주어진 식이 x에 대한 항등식일 때 다음을 만족한다.

(1) $ax+b=0 \iff a=0,\ b=0$

(2) $ax+b=a'x+b' \iff a=a',\ b=b'$

(3) $ax^2+bx+c=0 \iff a=0,\ b=0,\ c=0$

(4) $ax^2+bx+c=a'x^2+b'x+c' \iff a=a',\ b=b',\ c=c'$

예제 1.2.2

등식 $2x^2-x+3=a(x-1)^2+b(x-1)+c$가 x에 대한 항등식이 되도록 상수 a, b, c의 값을 정하라.

풀이 등식의 우변을 x에 대한 내림차순으로 정리하면 다음과 같다.

$$\begin{aligned}2x^2-x+3&=a(x-1)^2+b(x-1)+c\\&=ax^2+(-2a+b)x+(a-b+c)\end{aligned}$$

주어진 등식이 항등식이 되려면 양변의 동류항의 계수가 각각 같아야 하므로

$$a=2,\ -2a+b=-1,\ a-b+c=3$$

이다. 따라서 $a=2,\ b=3,\ c=4$이다.

문제 1.2.2 등식 $x^3-2x+4=(x+1)(x^2+ax+b)+c$가 x에 대한 항등식이 되도록 상수 a, b, c의 값을 정하라.

예제 1.2.3

다항식 x^3-ax+b를 x^2-x+1로 나누었을 때, 나머지가 $3x+2$이다. 상수 a, b를 구하라.

풀이

$$\begin{array}{r|l}
 & x+1 \\ \hline
x^2-x+1 & x^3 \qquad -ax \qquad +b \\
 & x^3-x^2+x \\ \hline
 & \quad x^2-(a+1)x+b \\
 & \quad x^2-x+1 \\ \hline
 & \qquad -ax \qquad +(b-1)
\end{array}$$

따라서 $-ax+(b-1)=3x+2$가 항등식이어야 하므로 $-a=3$, $b-1=2$이다. 그러므로 $a=-3$, $b=3$이다.

문제 1.2.3 x에 대한 다항식 x^3+ax^2+bx+3이 x^2-x-2로 나누어떨어질 때, 상수 a, b의 값을 구하라.

1.3 인수정리와 고차식의 인수분해

삼차 이상의 다항식에 대하여는 인수분해 공식을 적용하여 인수분해하기가 어렵다. 인수정리를 인수분해에 활용하는 방법에 대하여 알아보자. 먼저 다음과 같은 다항식을 다항식으로 나눈 식을 생각해 보자.

$$\frac{a+ab+b}{a-b},\quad \frac{2x^3-9x^2+18}{x-2}$$

이처럼 다항식을 다항식으로 나눈 식을 유리식이라 한다. 특히 x에 관한 다항식 $P(x)$를 일차식 $x-\alpha$로 나눌 때 몫을 $Q(x)$로, 나머지를 R이라 하면

$$\frac{P(x)}{x-\alpha}=Q(x)\cdots R$$

와 같이 나타낼 수 있다. 즉, $P(x)=(x-\alpha)Q(x)+R$이다.

이 식에 $x=\alpha$를 대입하면

$$P(\alpha)=(\alpha-\alpha)Q(\alpha)+R=0+R=R$$

이다. 따라서 $P(\alpha)=R$이 성립하는 것을 알 수 있다. 이를 나머지정리라고 한다.

예제 1.3.1

다항식 x^3-3x^2+5x-7을 $x-2$로 나눈 나머지를 구하라.

#풀이 나머지정리에 의하여 다항식 x^3-3x^2+5x-7을 $x-2$로 나눈 나머지는 $P(x)=x^3-3x^2+5x-7$이라 할 때, $P(2)=8-12+10-7=-1$ 이다.

문제 1.3.1 다항식 $P(x)=2x^3+3x^2-4x-1$을 다음 일차식으로 나누었을 때, 그 나머지를 구하라.

(1) $x-3$

(2) $x+1$

(3) $x+2$

(4) $x-\frac{1}{2}$

예제 1.3.2

다항식 $2x^3+ax^2-2a$를 $x-2$로 나누었을 때의 나머지가 -2일 때 상수 a를 구하여라.

#풀이 $P(x)=2x^3+ax^2-2a$라 놓으면 $x-2$로 나누었을 때의 나머지가 -2이므로 나머지 정리에 의하여 $P(2)=16+4a-2a=-2$이다. $2a=-18$이므로 $a=-9$이다.

x에 대한 다항식 $P(x)$가 일차식 $x-\alpha$로 나누어떨어지면 나머지정리에 의하여 $P(\alpha)=0$이다. 또한 그 역도 성립한다. 따라서 다음의 **인수정리**를 얻을 수 있다.

정리 1.3.1 | 인수정리(factor theorem)

x에 대한 다항식 $P(x)$가 일차식 $x-\alpha$로 나누어떨어지기 위한 필요충분조건은 다음과 같다.

$$P(\alpha)=0$$

예제 1.3.3

다항식 $P(x)=x^3+2x^2-3x+a$가 $x+3$으로 나누어떨어질 때, 상수 a의 값을 구하라.

#풀이 다항식 $P(x)=x^3+2x^2-3x+a$가 $x+3$으로 나누어떨어지면 인수정리에 의해 $P(-3)=0$이다. 즉

$$\begin{aligned}P(-3)&=(-3)^3+2\cdot(-3)^2-3\cdot(-3)+a\\&=-27+18+9+a=0\end{aligned}$$

이다. 그러므로 $a=0$이다.

문제 1.3.2 다항식 $P(x)=x^3+ax^2+bx-2$가 $x+2$로 나누어떨어지고, $x-1$로도 나누어떨어지도록 상수 a, b의 값을 정하여라.

이제부터 인수정리와 조립제법을 이용하여 다항식을 인수분해하는 방법에 대해 살펴보자. 예를 들어 $P(x)=x^3-2x^2-5x+6$을 인수정리를 이용하여 인수분해하여 보자. $P(x)$가 정수를 계수로 하는 두 다항식의 곱으로 $P(x)=(x+a)(x^2+bx+c)$와 같이 인수분해된다고 하면, 이 식은 항등식이므로 $P(-a)=0$을 만족한다. 따라서 상수항의 곱인 $ac=6$을 만족하는 a는 6의 약수이다. 그러므로 $\pm1,\ \pm2,\ \pm3,\ \pm6$ 중의 어느 하나이다. 실제로 이들 값 중 1을 $P(x)$에 대입해 보면

$$P(1)=1-2-5+6=0$$

이므로 $P(x)$는 $x-1$을 인수로 갖는다. 따라서 조립제법을 이용하여 $P(x)$를 인수분해하면 다음과 같다.

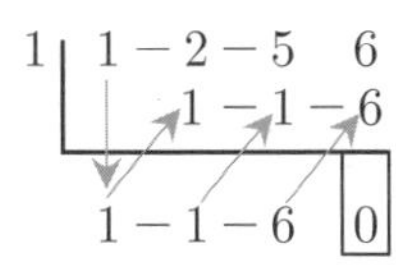

따라서 $P(x)=(x-1)(x^2-x-6)=(x-1)(x+2)(x-3)$이다.

문제 1.3.3 인수정리를 이용하여 다음 식을 인수분해하라.

(1) x^3+3x^2-4 (2) $x^3-6x^2+11x-6$

(3) x^4-2x^3-x+2 (4) $x^4+4x^3-4x^2-16x+15$

에너지 효율에서 찾을 수 있는 수학적 계산

세계적으로 에너지 부족에 대한 인식이 커지면서 에너지 효율에 대한 개념이 점차 부각되고 있다. 에너지소비효율 등급표시제도는 에너지소비효율등급표시, 최저효율기준, 목표소비효율기준 등으로 구성되어 있다. 에너지소비효율 등급표시제도는 제품의 에너지소비효율 또는 사용량에 따라 1~5등급으로 구분하여 표시토록 함으로써 소비자들이 효율이 높은 에너지절약형 제품을 손쉽게 판단하여 구입할 수 있도록 하고 제조업자들이 생산단계에서부터 원천적으로 에너지절약형 제품을 생산·판매하도록 하는 에너지절약을 위한 제도이다. 일반적으로 냉장고는 월간 소비전력량, 즉 1개월 동안 사용되는 전력량으로 에너지효율 등급을 정하고, 세탁기는 1kg당 사용되는 전력량인 에너지 사용량 비율이 낮은 제품이 에너지 효율이 높은 제품이다. 자동차는 연비, 즉 단위 연료에 대한 주행거리로 에너지효율등급을 정하고 있다.

1.4 유리식과 무리식

두 정수 a, b에 대하여 $\frac{a}{b}(b \neq 0)$꼴로 나타내는 수를 유리수(rational number)라 함은 이미 알고 있는 바이다. 이와 마찬가지로, 두 다항식 A, B에 대하여 $\frac{A}{B}(B \neq 0)$꼴로 나타내는 식을 유리식(rational expression)이라 한다. 다항식 A는 $\frac{A}{1}$와 같으므로 다항식은 유리식이다. 특히 다항식이 아닌 유리식을 분수식(fractional expression)이라 하고, 분수식 $\frac{A}{B}$에서 A를 분자, B를 분모라고 한다. 분수식의 덧셈, 뺄셈, 곱셈, 나눗셈은 분수의 경우와 마찬가지로 다음과 같이 계산한다.

정리 1.4.1

유리식에 대하여 다음이 성립한다.

(1) $\frac{A}{C}+\frac{B}{C}=\frac{A+B}{C}$ (단, $C \neq 0$)

(2) $\frac{A}{C}-\frac{B}{C}=\frac{A-B}{C}$ (단, $C \neq 0$)

(3) $\frac{A}{B}\times\frac{C}{D}=\frac{A\times C}{B\times D}$ (단, $B \neq 0$, $D \neq 0$)

(4) $\frac{A}{B}\div\frac{C}{D}=\frac{A}{B}\times\frac{D}{C}=\frac{A\times D}{B\times C}$ (단, $B \neq 0$, $C \neq 0$, $D \neq 0$)

예제 1.4.1

다음 유리식을 간단히 하라.

(1) $\frac{x+8}{x^2+x-2}-\frac{x+4}{x^2+3x+2}$

(2) $\frac{x^2+x+1}{x^3-1}\cdot\frac{x^2-1}{x+1}$

(3) $\frac{x^2+x-2}{x^2+x-6}\div\frac{x^2-3x+2}{x^2+5x+6}$

풀이 (1) 분모의 각 항을 인수분해하면 다음과 같다.

$$x^2+x-2=(x+2)(x-1),\ x^2+3x+2=(x+1)(x+2)$$

따라서 분모의 최소공배수는 $(x+1)(x-1)(x+2)$이다.

$$\begin{aligned}\frac{x+8}{x^2+x-2}-\frac{x+4}{x^2+3x+2}&=\frac{(x+8)(x+1)}{(x-1)(x+1)(x+2)}-\frac{(x+4)(x-1)}{(x-1)(x+1)(x+2)}\\&=\frac{(x^2+9x+8)-(x^2+3x-4)}{(x-1)(x+1)(x+2)}\\&=\frac{6(x+2)}{(x-1)(x+1)(x+2)}=\frac{6}{(x-1)(x+1)}\end{aligned}$$

(2) 분수식의 곱셈은 분자는 분자끼리, 분모는 분모끼리 곱한다.

$$\begin{aligned}\frac{x^2+x+1}{x^3-1}\cdot\frac{x^2-1}{x+1}&=\frac{x^2+x+1}{(x-1)(x^2+x+1)}\cdot\frac{(x+1)(x-1)}{x+1}\\&=1\end{aligned}$$

(3) 분수식의 나눗셈은 역수를 취해서 곱한다.

$$\begin{aligned}\frac{x^2+x-2}{x^2+x-6}\div\frac{x^2-3x+2}{x^2+5x+6}&=\frac{x^2+x-2}{x^2+x-6}\times\frac{x^2+5x+6}{x^2-3x+2}\\&=\frac{(x-1)(x+2)}{(x-2)(x+3)}\times\frac{(x+2)(x+3)}{(x-1)(x-2)}\\&=\frac{(x+2)^2}{(x-2)^2}\end{aligned}$$

문제 1.4.1 다음 분수식을 간단히 하라.

(1) $\dfrac{3x-2}{x^2-4}-\dfrac{2x-3}{x^2-3x+2}$ (2) $\dfrac{x^2-5x+6}{x^2-2x-8}\cdot\dfrac{x^2+4x+4}{x^2-x-6}$

(3) $\dfrac{x^2-5x+6}{x^2-16}\cdot\dfrac{x^2+5x+4}{x^2-4}\div\dfrac{x-3}{x-4}$ (4) $\dfrac{(x^6-y^6)(x-y)}{(x^3-y^3)(x^4-y^4)}$

분모를 단번에 통분하여 계산할 수도 있으나, 그렇게 하면 분자가 복잡한 식이 된다. 분자의 차수가 분모의 차수보다 높거나 같을 때는 분자를 분모로 나누어 간단한 꼴로 변형한다. 또 분자가 상수로 되어 있을 때, 둘씩 적당히 묶어서 계산한다.

예제 1.4.2

다음 분수식을 간단히 하라.

$$\frac{x+2}{x}-\frac{x+3}{x+1}-\frac{x-5}{x-3}+\frac{x-6}{x-4}$$

#풀이 주어진 식 $=\frac{x+2}{x}-\frac{(x+1)+2}{x+1}-\frac{(x-3)-2}{x-3}+\frac{(x-4)-2}{x-4}$

$$=\left(1+\frac{2}{x}\right)-\left(1+\frac{2}{x+1}\right)-\left(1-\frac{2}{x-3}\right)+\left(1-\frac{2}{x-4}\right)$$

$$=\left(\frac{2}{x}-\frac{2}{x+1}\right)+\left(\frac{2}{x-3}-\frac{2}{x-4}\right)$$

$$=\frac{2x+2-2x}{x(x+1)}+\frac{2x-8-2x+6}{(x-3)(x-4)}$$

$$=\frac{2}{x(x+1)}+\frac{-2}{(x-3)(x-4)}$$

$$=\frac{2(x-3)(x-4)-2x(x+1)}{x(x+1)(x-3)(x-4)}$$

$$=\frac{-8(2x-3)}{x(x+1)(x-3)(x-4)}$$

분모가 두 인수의 곱으로 되어있을 때, 다음 식을 이용하여 한 개의 분수를 두 개의 분수로 나누어 계산한다. 이러한 계산과정을 **부분분수(partial fraction) 분해법**이라 한다.

$$\frac{C}{AB}=\frac{C}{B-A}\left(\frac{1}{A}-\frac{1}{B}\right)$$

분수식의 분자 또는 분모가 다시 분수식이 될 때, 이러한 식을 **번분수식(complex fraction)**이라고 한다. 번분수식의 꼴의 계산은 다음과 같이 한다.

$$\frac{\frac{A}{B}}{\frac{C}{D}}=\frac{A}{B}\div\frac{C}{D}=\frac{A}{B}\times\frac{D}{C}=\frac{AD}{BC}$$

예제 1.4.3

다음 분수식을 간단히 하라.

(1) $\frac{1}{x(x+2)}+\frac{1}{(x+2)(x+4)}+\frac{1}{(x+4)(x+6)}+\frac{1}{(x+6)(x+8)}$

(2) $\dfrac{1-\dfrac{1}{x}}{1-\dfrac{1}{x^2}}$

#풀이 (1) $\dfrac{1}{x(x+2)}+\dfrac{1}{(x+2)(x+4)}+\dfrac{1}{(x+4)(x+6)}+\dfrac{1}{(x+6)(x+8)}$

$$=\frac{1}{2}\left\{\left(\frac{1}{x}-\frac{1}{x+2}\right)+\left(\frac{1}{x+2}-\frac{1}{x+4}\right)+\left(\frac{1}{x+4}-\frac{1}{x+6}\right)+\left(\frac{1}{x+6}-\frac{1}{x+8}\right)\right\}$$

$$=\frac{1}{2}\left(\frac{1}{x}-\frac{1}{x+8}\right)=\frac{1}{2}\cdot\frac{x+8-x}{x(x+8)}=\frac{4}{x(x+8)}$$

(2) $\dfrac{1-\dfrac{1}{x}}{1-\dfrac{1}{x^2}}=\dfrac{\dfrac{x-1}{x}}{\dfrac{x^2-1}{x^2}}=\dfrac{x-1}{x}\times\dfrac{x^2}{x^2-1}=\dfrac{x(x-1)}{x^2-1}$

$$=\frac{x(x-1)}{(x+1)(x-1)}=\frac{x}{x+1}$$

문제 1.4.2 다음 분수식을 간단히 하라.

(1) $\dfrac{x+3}{x+4}+\dfrac{x+7}{x+8}-\dfrac{x+1}{x+2}-\dfrac{x+5}{x+6}$

(2) $\dfrac{b}{a(a+b)}+\dfrac{c}{(a+b)(a+b+c)}+\dfrac{d}{(a+b+c)(a+b+c+d)}$

(3) $\dfrac{1+\dfrac{2}{x}}{x-3-\dfrac{5}{x+1}}$

(4) $\dfrac{\dfrac{1}{1-x}+\dfrac{1}{1+x}}{\dfrac{1}{1-x}-\dfrac{1}{1+x}}$

근호 안에 문자가 포함되어 있는 식 중에서 $\sqrt{x-1}$, $\sqrt{x^2+2x+3}$ 등과 같이 유리식으로 나타낼 수 없는 식을 **무리식**(irrational expression)이라고 한다. 무리식의 값이 실수가 되려면 근호 안의 값이 양수 또는 0이어야 한다. 따라서 무리식을 계산할 때는

$$(\text{근호 안의 식의 값})\geq 0,\ (\text{분모})\neq 0$$

인 경우만 생각한다.

예제 1.4.4

다음 무리식의 값이 실수가 되도록 x의 범위를 구하라.

(1) $x-\sqrt{x+2}$ (2) $\sqrt{x+2}-\sqrt{3-x}$

#풀이 (1) $x-\sqrt{x+2}$가 실숫값을 가지려면 $x+2 \geq 0$이어야 하므로 $x \geq -2$이어야 한다.

(2) $\sqrt{x+2}-\sqrt{3-x}$가 실숫값을 가지려면 $x+2 \geq 0$, $3-x \geq 0$이어야 한다. 그러므로 $x \geq -2$와 $x \leq 3$의 공통영역인 $-2 \leq x \leq 3$이다.

문제 1.4.3 다음 무리식의 값이 실수가 되도록 x의 범위를 구하여라.

(1) $\sqrt{1+x}-\sqrt{1-x}$ (2) $\sqrt{3x+1}-\sqrt{x-2}$

분모에 $\sqrt{\ }$를 포함하는 수는 분모와 분자에 같은 수를 곱해 분모에 $\sqrt{\ }$를 포함하지 않는 형태로 변형하는 것이 가능하다. 이것을 분모의 유리화라 한다. $\frac{1}{5+2\sqrt{3}}$을 유리화하기 위해서 $(5+2\sqrt{3})(5-2\sqrt{3})$를 계산해 보자.

$$(5+2\sqrt{3})(5-2\sqrt{3})=25-10\sqrt{3}+10\sqrt{3}-4\times 3=13$$

이다. 그러므로 분자, 분모에 $5-2\sqrt{3}$을 곱하여 유리화하면 다음과 같다.

$$\frac{1}{5+2\sqrt{3}}=\frac{5-2\sqrt{3}}{(5+2\sqrt{3})(5-2\sqrt{3})}=\frac{5-2\sqrt{3}}{25-12}=\frac{5-2\sqrt{3}}{13}$$

예제 1.4.5

다음 분모를 유리화하라.

(1) $\frac{2}{\sqrt{3}-1}$ (2) $\frac{\sqrt{3}}{\sqrt{3}-2}$

#풀이 (1) $\frac{2}{\sqrt{3}-1}=\frac{2(\sqrt{3}+1)}{(\sqrt{3}-1)(\sqrt{3}+1)}=\frac{2(\sqrt{3}+1)}{3-1}=\sqrt{3}+1$

(2) $\frac{\sqrt{3}}{\sqrt{3}-2}=\frac{\sqrt{3}(\sqrt{3}+2)}{(\sqrt{3}-2)(\sqrt{3}+2)}=\frac{3+2\sqrt{3}}{3-2^2}=-3-2\sqrt{3}$

문제 1.4.4 분모를 유리화하여라.

(1) $\dfrac{3\sqrt{7}+2\sqrt{2}}{\sqrt{7}-\sqrt{2}}$ (2) $\dfrac{1}{2\sqrt{3}-3\sqrt{2}}$

(3) $\dfrac{1}{\sqrt{2}+1}-\dfrac{1}{\sqrt{2}-1}$ (4) $\dfrac{\sqrt{3}}{\sqrt{6}-\sqrt{2}}-\dfrac{\sqrt{3}}{\sqrt{2}+\sqrt{6}}$

예제 1.4.6

다음 무리식을 간단히 하여라.

(1) $(\sqrt{a+1}+\sqrt{a})(\sqrt{a+1}-\sqrt{a})$ (2) $\dfrac{1}{2+\sqrt{x+4}}+\dfrac{1}{2-\sqrt{x+4}}$

풀이 (1) $(\sqrt{a+1}+\sqrt{a})(\sqrt{a+1}-\sqrt{a})=(a+1)-a=1$

(2) 통분하여 간단히 하면 다음과 같다.

$$\begin{aligned}\frac{1}{2+\sqrt{x+4}}+\frac{1}{2-\sqrt{x+4}}&=\frac{2-\sqrt{x+4}+2+\sqrt{x+4}}{4-(\sqrt{x+4})^2}\\&=\frac{4}{4-x-4}=-\frac{4}{x}\end{aligned}$$

문제 1.4.5 다음 무리식을 간단히 하여라.

(1) $\dfrac{\sqrt{x}-\sqrt{3}}{\sqrt{x}+\sqrt{3}}+\dfrac{\sqrt{x}+\sqrt{3}}{\sqrt{x}-\sqrt{3}}$ (2) $\dfrac{\sqrt{x+1}+\sqrt{x}}{\sqrt{x+1}-\sqrt{x}}$

CHAPTER 1 연습문제

01. $(x+y-4)(x+y+3)$을 전개하여라.

02. $\dfrac{1}{3-2\sqrt{2}}-\dfrac{1}{3+2\sqrt{2}}$을 계산하여라.

03. $(3-2\sqrt{2})(2a-5\sqrt{2})$가 유리수가 되도록 유리수 a의 값을 구하여라.

04. $\dfrac{2\sqrt{7}}{3-\sqrt{7}}$의 분모를 유리화하여라.

05. $(3x-2y+1)(4x+3y-1)$의 전개식에서 xy의 계수를 구하여라.

06. $\dfrac{1}{3+2\sqrt{2}}-\dfrac{1}{3-2\sqrt{2}}=a+b\sqrt{2}$일 때, $2a+b$의 값을 구하여라.

07. $16x^2+32x+5a=(3bx-c)^2$일 때, $5a-3b+c$의 값을 구하여라.(단, $b>0$)

08. $2(x-y)(x-y+1)-24$를 인수분해하여라.

09. x^2-5x+6과 $3x^2-7x+2$의 공통인수를 구하여라.

10. $(3x+2)^2-(2x-1)^2$을 인수분해하여 두 인수의 합을 구하여라.

[11~13] 다음을 인수분해하라.

11. $x^3-x^2y-x^2+xy$

12. $a^2-2ab-2a+b^2+2b-3$

13. $(a-b+c)^3+(a+b-c)^3$

14. $a-b=2,\ a^2+b^2=8$일 때, a^3-b^3의 값을 구하여라.

15. $a^2-3a+1=0$일 때, $a^2-2a+\dfrac{3}{a^2+1}$의 값을 구하여라.

16. $x^2p+2(x-1)q+(2-x-x^2)r+1=0$이 x에 대한 항등식일 때, p, q, r의 값을 구하여라.

17. x^3+ax^2+bx+5를 x^2+1로 나누었을 때의 나머지가 $2x+1$이 되도록 상수 a, b의 값을 정할 때, a^2+b^2의 값을 구하여라.

18. $\dfrac{x+1}{x(x-1)^2}=\dfrac{a}{x}+\dfrac{b}{x-1}+\dfrac{c}{(x-1)^2}$가 x에 대한 항등식일 때, 상수 a, b, c의 값을 구하여라.

19. $x^3+ax^2+x+b=(x^2-x+1)g(x)-x+2$가 x에 대한 항등식이 되도록 a, b의 값을 정하여라.

20. x의 다항식 $p(x)=x^2+ax+b$를 $x-1$로 나눈 나머지는 1이고, $x-2$로 나눈 나머지는 2이다. 이때 $p(x)$를 $x-3$으로 나눈 나머지를 구하여라.

21. 다항식 x^3+ax^2+bx+c를 x^2+1로 나누면 $x+1$이 남고, $x-2$로 나누면 3이 남는다. 이때 $a+b+c$의 값을 구하여라.

[22~27] 다음을 인수분해하라.

22. $a^2-b^2-c^2+2bc$

23. $a^3-3a^2+3a+b^3-1$

24. $a^2-b^2+2c^2+3ac+bc$

25. $(a^2+b^2-c^2)^2-4a^2b^2$

26. a^6-7a^3-8

27. $(x^2+x)^2-8x^2-8x+12$

28. 다음 식을 간단히 하여라.

(1) $\dfrac{x+2}{x+1}-\dfrac{x+3}{x+2}-\dfrac{x+4}{x+3}+\dfrac{x+5}{x+4}$

(2) $\dfrac{a^2+2ab+b^2}{a^2+ab-ac}\div\dfrac{(a-b)^2-c^2}{a^2-ac}\times\dfrac{a^2-(b-c)^2}{a^2-b^2}$

(3) $\dfrac{x+1}{x-\dfrac{1}{x+1}}$

(4) $\dfrac{x-\dfrac{x-1}{x+1}}{x+\dfrac{x-1}{x+1}}$

29. $\dfrac{a+b\sqrt{3}}{2+\sqrt{3}}=\dfrac{9+b\sqrt{3}}{3}$을 만족하는 정수 a, b에 대하여 $a+b$의 값을 구하여라.

30. $x=\dfrac{1}{\sqrt{3}+\sqrt{2}}$, $y=\dfrac{1}{\sqrt{3}-\sqrt{2}}$일 때, 다음 식의 값을 구하여라.

(1) xy (2) $x+y$ (3) x^2+y^2

CHAPTER

2 방정식과 부등식

2.1 일차방정식

문자가 포함된 식을 등호(=)로 연결한 등식에서 문자 대신에 여러 가지 값을 대입할 때, 그 결과가 참이 되고 거짓도 되는 등식을 그 문제에 대한 **방정식**(equation)이라 한다. 이때 방정식을 참이 되게 하는 문자의 값을 그 방정식의 **해**(solution) 또는 근이라 하고, 방정식의 해를 모두 구하는 것을 그 **방정식을 푼다**고 한다.

예를 들어, $2x+1=3$은 문자 x에 대한 방정식이며, $x=1$일 때 등식의 결과가 참이 된다. 따라서 방정식의 해는 1이다. 반면에 $2x+2=2(x+1)$은 x에 어떤 값을 대입해도 등식은 항상 참이 되며, 이러한 등식을 **항등식**(identity)이라고 한다.

방정식에서 미지수의 최고 차수가 일차인 방정식을 **일차방정식**(linear equation)이라고 한다. 특히 미지수가 하나일 경우에는 일원일차방정식이라고 한다. 예를 들어 $x-1=0$은 일원일차방정식이고, $x^2+x-2=0$은 일원이차방정식이다. 그리고 $x+y=0$은 이원일차방정식이고 $x^2+y=0$은 이원이차방정식이다.

일차방정식을 푸는 방법은 매우 간단하다.

첫째, 미지수를 포함하고 있는 항들을 등호를 중심으로 좌측으로, 나머지 상수항은 우측으로 이동시킨다. 단, 등호를 건너갈 때는 부호가 바뀐다.

둘째, $ax=b$ 형태로 정리한다.

끝으로 일차항의 계수를 나누어 줌으로써 해를 구한다. 이때 $a \neq 0$인 경우에는 $x=\dfrac{b}{a}$가 해가 된다. 하지만 $a=0$이고 $b \neq 0$인 경우에는 $0 \cdot x=b$라는 조건을 만족하는 x가 존재하지 않기 때문에 **불능**(impossible)이라 한다. 또한 $a=0$이고 $b=0$인 경우에는 $0 \cdot x=0$이라는 조건을 만족하는 x가 너무 많기 때문에 **부정**(indeterminate)이라고 한다.

예제 2.1.1

일차방정식 $7x+10=2x-5$의 해를 구하여라.

풀이 미지수를 포함하고 있는 항들을 등호를 중심으로 좌측으로, 나머지 상수항은 우측으로 이동시키면 $7x-2x=-5-10$ 이므로 $5x=-15$ 이다. 따라서 $x=-\frac{15}{5}=-3$ 이다.

문제 2.1.1 다음 일차방정식을 풀어라.

(1) $3x+2=x+6$

(2) $2x-5=10x$

(3) $-x+7=3x+1$

(4) $8x-5=-2x-7$

2.2 이차방정식

방정식에서 미지수의 최고 차수가 이차인 방정식을 **이차방정식**(quadratic equation)이라고 한다. 이차방정식의 해법은 일차방정식에 비해서 복잡하다. 우선 인수분해를 이용하여 이차방정식의 해를 구하는 방법을 알아보자.

이차방정식

$$x^2-5x+6=0$$

의 좌변을 인수분해하면

$$(x-2)(x-3)=0$$

이므로 $x-2=0$ 또는 $x-3=0$이다. 따라서 이차방정식의 근은

$$x=2 \text{ 또는 } x=3$$

이다.

예제 2.2.1

이차방정식 $x^2-4x+3=0$의 해를 구하여라.

풀이 좌변을 인수분해하면 $(x-1)(x-3)=0$이므로, $x-1=0$ 또는 $x-3=0$이다. 따라서 $x=1,\ 3$이다.

예제 2.2.2

이차방정식 $3x^2 - x - 10 = 0$ 의 해를 구하여라.

풀이 좌변을 인수분해하면 $(x-2)(3x+5)=0$이므로, $x-2=0$ 또는 $3x+5=0$이다. 따라서 $x=2,\ -\dfrac{5}{3}$ 이다.

문제 2.2.1 다음 이차방정식을 풀어라.

(1) $x^2+6x+5=0$ (2) $x^2-16=0$

(3) $6x^2-13x=5$ (4) $3x^2=6x-3$

방정식 $x^2=2$의 근을 유리수 범위에서는 구할 수 없으므로, 이 방정식이 근을 가지도록 하기 위해서 수의 범위를 실수까지 확장하여 $x^2=2$의 근인 무리수 $\sqrt{2}$, $-\sqrt{2}$를 얻었다. 그런데 실수를 제곱하면 양수 또는 0이 되고, 음수는 될 수 없다. 따라서 방정식 $x^2=-2$의 근을 실수의 범위에서는 구할 수 없다. 이 방정식이 근을 가지도록 하려면 수의 범위를 다시 확장하여야 한다.

제곱하여 -1이 되는 새로운 수를 i로 나타내고 이를 허수단위라고 한다. 이때 i를 $\sqrt{-1}$로 나타내기도 한다. 즉

$$i^2=-1$$

이다. 실수 a, b에 대하여

$$a+bi$$

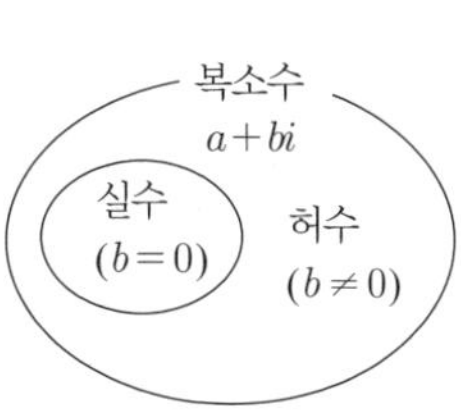

의 꼴로 나타내어지는 새로운 수를 복소수라고 한다. 복소수 $0i$를 0이라 정하면, 복소수 $a+0i$는 실수 a가 된다. 따라서 실수 전체의 집합은 복소수 전체의 집합의 부분집합이다. 복소수 $a+bi$에서 $b\neq 0$인 경우, 이 복소수를 허수라고 한다. 예를 들어, $\dfrac{2}{3}$, $\sqrt{2}$, $-5+i$, $3i$는 복소수이고, $-5+i$, $3i$는 허수이다.

복소수 $z=a+bi$는 홀로 존재하지 않고 항상 짝을 이루어 존재한다. $a+bi$의 짝을 켤레복소수라 하고, $\bar{z}=a-bi$로 나타낸다. 즉

$$\overline{a+bi}=a-bi$$

이다. 예를 들어, $2+i$의 켤레복소수는 $2-i$이고, $-3i$의 켤레복소수는 $3i$이다.

두 복소수 $a+bi$와 $c+di$에서 $a=c$, $b=d$일 때 $a+bi$와 $c+di$는 서로 같다고 하며 기호

$$a+bi=c+di$$

로 쓴다.

정리 2.2.1

a, b, c, d가 실수일 때, $a+bi=c+di$이기 위한 필요충분조건은 $a=c$, $b=d$이다. 특히 $a+bi=0$이기 위한 필요충분조건은 $a=0$, $b=0$이다.

예제 2.2.3

다음 등식을 만족하는 실수 x, y값을 구하라.

$$3x+3+(2x-4y)i=9+8i$$

#풀이 복소수가 서로 같을 조건에서 $3x+3=9$, $2x-4y=8$이다. 이것을 연립하여 풀면 $x=2$, $y=-1$이다.

문제 2.2.2 다음 등식을 만족하는 실수 x, y의 값을 구하여라.

(1) $x-1+2yi=3-4i$

(2) $3+xi=\overline{y-2i}$

(3) $(2x+y)+(x-2y)i=4+7i$

(4) $(x+2y+3)+(2x+y)i=0$

복소수의 사칙연산은 허수단위 i를 문자와 같이 생각하여 실수의 연산과 마찬가지 방법으로 계산하고 i^2을 -1로 바꾸어 놓는다. 일반적으로 복소수의 사칙연산은 다음과 같다.

정리 2.2.2

a, b, c, d가 실수일 때,

(1) $(a+bi)+(c+di)=(a+c)+(b+d)i$

(2) $(a+bi)-(c+di)=(a-c)+(b-d)i$

(3) $(a+bi)\times(c+di)=(ac-bd)+(ad+bc)i$

(4) $\dfrac{a+bi}{c+di}=\dfrac{ac+bd}{c^2+d^2}+\dfrac{bc-ad}{c^2+d^2}i$ (단, $c+di\neq 0$)

#증명 특히 복소수의 나눗셈은 분모, 분자에 분모의 켤레복소수를 각각 곱하여 계산한 것과 같다.

$$\begin{aligned}\frac{a+bi}{c+di}&=\frac{(a+bi)(c-di)}{(c+di)(c-di)}=\frac{ac+bci-adi-bdi^2}{c^2-d^2i^2}\\&=\frac{(ac+bd)+(bc-ad)i}{c^2+d^2}=\frac{ac+bd}{c^2+d^2}+\frac{bc-ad}{c^2+d^2}i\end{aligned}$$

예제 2.2.4

다음을 $a+bi$의 꼴로 나타내어라.

(1) $(2+3i)+(4-2i)$

(2) $(3+2i)-(5-3i)$

(3) $(2+3i)(3-i)$

(4) $\dfrac{3-2i}{2+i}$

#풀이

(1) $(2+3i)+(4-2i)=(2+4)+(3-2)i=6+i$

(2) $(3+2i)-(5-3i)=(3-5)+(2+3)i=-2+5i$

(3) $(2+3i)(3-i)=\{2\cdot 3-3\cdot(-1)\}+\{3\cdot 3+2\cdot(-1)\}i$
$=9+7i$

(4) $\dfrac{3-2i}{2+i}=\dfrac{(3-2i)(2-i)}{(2+i)(2-i)}=\dfrac{(6-2)+(-3-4)i}{4+1}=\dfrac{4}{5}-\dfrac{7}{5}i$

문제 2.2.3 다음을 $a+bi$의 꼴로 나타내어라.

(1) $(4+3i)+(2+i)$

(2) $(4+2\sqrt{3}i)-(2+\sqrt{3}i)$

(3) $(4+3i)(2+i)$

(4) $\dfrac{2-\sqrt{3}i}{1+\sqrt{3}i}$

문제 2.2.4 $x=2+i$, $y=2-i$일 때, 다음 식의 값을 구하여라.

(1) x^2-xy+y^2 (2) x^2y+xy^2

이제 근의 공식을 이용하여 이차방정식의 해를 구하는 방법을 알아보자. a, b, c가 실수인 이차방정식 $ax^2+bx+c=0$ $(a \neq 0)$에 대하여 실수인 근을 **실근**(real root)이라 하고, 허수인 근을 **허근**(imaginary root)이라고 한다. 두 실근이 중복되었을 때 근을 **중근**(multiple root)이라고 한다. 이차방정식의 근을 특별한 조건이 없는 한 복소수의 범위에서 구하기로 하자.

이차방정식 $ax^2+bx+c=0$ $(a \neq 0)$의 **근의 공식**은 다음과 같다.

$$x=\frac{-b \pm \sqrt{b^2-4ac}}{2a}$$

예제 2.2.5

다음 이차방정식을 풀고, 그 근이 실근인지 허근인지 말하여라.

(1) $x^2+6x+2=0$ (2) $x^2-4x+8=0$

풀이 (1) 근의 공식에 $a=1$, $b=6$, $c=2$를 대입하면

$$\begin{aligned} x &= \frac{-6 \pm \sqrt{6^2-4 \cdot 1 \cdot 2}}{2 \cdot 1} = \frac{-6 \pm \sqrt{28}}{2} \\ &= \frac{-6 \pm 2\sqrt{7}}{2} = -3 \pm \sqrt{7} \end{aligned}$$

이므로 실근 $x=-3\pm\sqrt{7}$ 을 갖는다.

(2) 근의 공식에 $a=1$, $b=-4$, $c=8$을 대입하면

$$\begin{aligned} x &= \frac{-(-4) \pm \sqrt{(-4)^2-4 \cdot 1 \cdot 8}}{2 \cdot 1} = \frac{4 \pm \sqrt{-16}}{2} \\ &= \frac{4 \pm 4i}{2} = 2 \pm 2i \end{aligned}$$

이므로 허근 $x=2\pm2i$를 갖는다.

문제 2.2.5 다음 이차방정식을 풀고, 그 근이 실근인지 허근인지 말하여라.

(1) $x^2+2x-4=0$ (2) $x^2+2x+4=0$

(3) $2x^2-3x+1=0$ (4) $4x^2-5x+2=0$

a, b, c가 실수인 이차방정식 $ax^2+bx+c=0$ $(a\neq 0)$의 근이 실근인지 허근인지를 근의 공식에서 근호 안에 있는 식 b^2-4ac의 부호에 따라 판별할 수 있다. 이것을 D라 놓고

$$D=b^2-4ac$$

를 이차방정식 $ax^2+bx+c=0$의 **판별식(discriminant)**이라고 한다.

이차방정식의 근의 판별식은 다음과 같다.

정리 2.2.3

a, b, c가 실수인 이차방정식 $ax^2+bx+c=0$ $(a\neq 0)$의 근은

(1) $D=b^2-4ac>0 \Leftrightarrow$ 서로 다른 두 실근

(2) $D=b^2-4ac=0 \Leftrightarrow$ 중근

(3) $D=b^2-4ac<0 \Leftrightarrow$ 서로 다른 두 허근

예제 2.2.6

다음 이차방정식의 근을 판별하여라.

(1) $2x^2-5x+1=0$ (2) $x^2-2x+3=0$

#풀이 (1) 판별식에 $a=2,\ b=-5,\ c=1$을 대입하면

$$D=(-5)^2-4\cdot 2\cdot 1=17>0$$

따라서 서로 다른 두 실근을 갖는다.

(2) 판별식에 $a=1,\ b=-2,\ c=3$을 대입하면

$$D=(-2)^2-4\cdot 1\cdot 3=-8<0$$

따라서 서로 다른 두 허근을 갖는다.

문제 2.2.6 다음 이차방정식의 근을 판별하여라.

(1) $x^2+3x+1=0$　　(2) $x^2-5x+7=0$

(3) $4x^2-12x+9=0$　　(4) $2x^2-x+3=0$

이차방정식의 두 근과 계수와의 관계를 알아보자.

이차방정식 $ax^2+bx+c=0\ (a\neq 0)$의 두 근을

$$\alpha=\frac{-b+\sqrt{b^2-4ac}}{2a},\quad \beta=\frac{-b-\sqrt{b^2-4ac}}{2a}$$

로 놓으면 α와 β의 합과 곱은 각각 다음과 같다.

$$\begin{aligned}\alpha+\beta&=\frac{-b+\sqrt{b^2-4ac}}{2a}+\frac{-b-\sqrt{b^2-4ac}}{2a}\\&=-\frac{2b}{2a}=-\frac{b}{a}\end{aligned}$$

$$\begin{aligned}\alpha\beta&=\frac{-b+\sqrt{b^2-4ac}}{2a}\times\frac{-b-\sqrt{b^2-4ac}}{2a}\\&=\frac{b^2-(b^2-4ac)}{4a^2}=\frac{4ac}{4a^2}=\frac{c}{a}\end{aligned}$$

따라서 이차방정식의 두 근의 합과 곱은 각각 다음과 같이 그 이차방정식의 계수로 간단히 나타낼 수 있다.

정리 2.2.4

이차방정식 $ax^2+bx+c=0\ (a\neq 0)$의 두 근을 α, β라고 하면

$$\alpha+\beta=-\frac{b}{a},\quad \alpha\beta=\frac{c}{a}$$

예제 2.2.7

이차방정식 $2x^2-5x+7=0$의 두 근의 합과 곱을 구하여라.

#풀이　$a=2$, $b=-5$, $c=7$이므로 두 근을 α, β라고 하면

$$\alpha+\beta=-\frac{b}{a}=-\frac{-5}{2}=\frac{5}{2}, \ \alpha\beta=\frac{c}{a}=\frac{7}{2}$$

이므로 두 근의 합은 $\frac{5}{2}$, 곱은 $\frac{7}{2}$이다.

문제 2.2.7 다음 이차방정식의 두 근의 합과 곱을 구하여라.

(1) $x^2-5x-3=0$ (2) $7x^2+3x-1=0$

(3) $4x^2-4x+1=0$ (4) $5x^2+4=0$

문제 2.2.8 이차방정식 $x^2+3x+4=0$의 두 근을 α, β라고 할 때, 다음 식의 값을 구하여라.

(1) $\alpha^2+\beta^2$ (2) $(\alpha-\beta)^2$ (3) $\frac{\beta}{\alpha}+\frac{\alpha}{\beta}$

이차방정식의 두 근을 알면 근과 계수의 관계를 이용하여 각 항의 계수를 결정할 수 있으므로 두 수를 근으로 하는 이차방정식을 만들 수 있다.

두 수 α, β를 근으로 하고 x^2의 계수가 1인 이차방정식은

$$(x-\alpha)(x-\beta)=0$$

즉

$$x^2-(\alpha+\beta)x+\alpha\beta=0$$

으로 나타낼 수 있으므로, 다음과 같은 정리를 얻는다.

정리 2.2.5

두 수 α, β를 근으로 하고, x^2의 계수가 1인 이차방정식은

$$x^2-(\alpha+\beta)x+\alpha\beta=0$$

예제 2.2.8

두 수 $1+\sqrt{2}$, $1-\sqrt{2}$를 근으로 하고 x^2의 계수가 1인 이차방정식을 구하여라.

#풀이 $\alpha=1+\sqrt{2}$, $\beta=1-\sqrt{2}$라고 하면

$$\alpha+\beta=(1+\sqrt{2})+(1-\sqrt{2})=2,$$
$$\alpha\beta=(1+\sqrt{2})(1-\sqrt{2})=1-2=-1$$

이므로 구하는 이차방정식은 $x^2-2x-1=0$이다.

문제 2.2.9 다음 두 수를 근으로 하고, x^2의 계수가 1인 이차방정식을 구하여라.

(1) -1, 2 (2) $\frac{1}{2}$, $-\frac{1}{3}$ (3) $2+\sqrt{3}$, $2-\sqrt{3}$

2.3 여러 가지 방정식

1 삼차방정식

x에 대한 다항식 $f(x)$가 삼차식일 때, $f(x)=0$을 x에 대한 **삼차방정식(cubic equation)**이라고 한다. 예를 들면, $x^3-1=0$, $x^3-5x^2+10x-6=0$ 등은 x에 대한 삼차방정식이다.

이차방정식은 인수분해나 근의 공식을 이용하여 언제나 그 해를 구할 수 있다. 그러나 삼차방정식의 근을 구할 때는

$$(\text{일차식})(\text{일차식})(\text{일차식})=0 \quad \text{또는} \quad (\text{일차식})(\text{이차식})=0$$

의 꼴로 인수분해 하여 구한다.

예제 2.3.1

다음 삼차방정식을 풀어라.

(1) $x^3-1=0$ (2) $x^3+x+2=0$

#풀이 (1) 좌변을 인수분해하면

$$(x-1)(x^2+x+1)=0$$

$$x-1=0 \text{ 또는 } x^2+x+1=0$$

따라서 $x=1,\ \dfrac{-1\pm\sqrt{3}i}{2}$ 이다.

(2) $P(x)=x^3+x+2$라 놓으면

$$P(-1)=(-1)^3+(-1)+2=0$$

이므로 인수정리에 의하여 $P(x)$는 $x+1$을 인수로 갖는다.
조립제법을 이용하면

$$P(x)=(x+1)(x^2-x+2)$$

$$\begin{array}{r|rrrr} -1 & 1 & 0 & 1 & 2 \\ & & -1 & 1 & -2 \\ \hline & 1 & -1 & 2 & 0 \end{array}$$

이므로, 주어진 방정식은

$$(x+1)(x^2-x+2)=0$$

$$x+1=0 \text{ 또는 } x^2-x+2=0$$

이다. 따라서 $x=-1,\ \dfrac{1\pm\sqrt{7}i}{2}$ 이다.

문제 2.3.1 다음 삼차방정식을 풀어라.

(1) $x^3+8=0$　　(2) $x^3-7x+6=0$

(3) $x^3-4x=0$　　(4) $x^3-x^2-3x+2=0$

2 사차방정식

삼차방정식과 마찬가지로 x에 대한 다항식 $f(x)$가 사차식일 때, 방정식 $f(x)=0$을 x에 대한 **사차방정식**(quartic equation)이라고 한다. 예를 들면, $x^4-1=0$, $x^4+3x^2+4=0$ 등은 x에 대한 사차방정식이다.

사차방정식은 인수분해를 이용하거나 치환하여 근을 구한다.

예제 2.3.2

다음 사차방정식을 풀어라.

(1) $x^4 - 3x^3 - x + 3 = 0$　　　(2) $x^4 - 3x^2 + 2 = 0$

풀이 (1) $P(x) = x^4 - 3x^3 - x + 3$으로 놓으면

$$P(1) = (1)^4 - 3 \cdot (1)^3 - 1 + 3 = 0$$
$$P(3) = (3)^4 - 3 \cdot (3)^3 - 3 + 3 = 0$$

이므로 조립제법을 이용하면

$$P(x) = (x-1)(x-3)(x^2+x+1)$$

이다. 따라서 주어진 방정식은 $(x-1)(x-3)(x^2+x+1) = 0$이다.

$$x - 1 = 0,\ x - 3 = 0,\ x^2 + x + 1 = 0$$
$$\therefore\ x = 1,\ 3,\ \frac{-1 \pm \sqrt{3}\,i}{2}$$

(2) $x^2 = X$로 치환하면

$$X^2 - 3X + 2 = 0$$

이므로 $(X-1)(X-2) = 0$이다.

$\therefore\ X = 1$ 또는 $X = 2$

따라서　　$X = 1$일 때, $x = \pm 1$

　　　　　$X = 2$일 때, $x = \pm\sqrt{2}$

이므로 $x = \pm 1,\ \pm\sqrt{2}$이다.

문제 2.3.2 다음 사차방정식을 풀어라.

(1) $x^4 - 1 = 0$　　　(2) $x^4 - 2x^3 + 2x^2 + 2x - 3 = 0$

(3) $2x^4 - 5x^2 + 3 = 0$　　　(4) $x^4 + 4x^2 - 5 = 0$

3 분수방정식

일차방정식, 이차방정식, 삼차방정식과 같이 미지수에 관한 다항식만으로 이루어진 방정식을 **정방정식**(integral equation)이라고 하고, 방정식

$$\frac{6}{x-1}=3, \quad \frac{x-3}{x^2+1}=0$$

등과 같이 미지수 x에 대한 분수식을 포함하고 있는 방정식을 **분수방정식**(fractional equation)이라고 한다. 또 정방정식과 분수방정식을 통틀어 **유리방정식**이라고 한다.

일반적으로 분수방정식은 다음과 같은 방법으로 푼다.

(1) 분모의 최소공배수를 양변에 곱해서 정방정식으로 고친다.
(2) (1)에서 얻은 정방정식을 푼다.
(3) (2)에서 푼 정방정식의 근 중에서, 주어진 분수방정식의 분모를 0이 되지 않게 하는 것만을 근으로 택한다.

예제 2.3.3

분수방정식 $\frac{1}{x+1}-\frac{2}{x^2+4x+3}=\frac{1}{3}$을 풀어라.

#풀이 양변에 분모의 최소공배수 $3(x+1)(x+3)$을 곱하면

$$3(x+3)-6=(x+1)(x+3)$$

이다. 이 식을 정리하면

$$x^2+x=0, \text{ 즉 } x(x+1)=0$$
$$\therefore\ x=0 \text{ 또는 } x=-1$$

이다. 그런데 $x=-1$은 주어진 방정식의 분모를 0이 되게 하므로 근이 아니다. 따라서 주어진 방정식의 근은 $x=0$이다.

예제 2.3.3의 $x=-1$과 같이 분수방정식을 만족시키지 않는 근을 분수방정식의 **무연근**(extraneous root)이라고 한다.

문제 2.3.3 다음 분수방정식을 풀어라.

(1) $\dfrac{2}{x-1}-\dfrac{x}{x+1}=\dfrac{4}{x^2-1}$ (2) $\dfrac{2}{x^2-1}+\dfrac{1}{3}=\dfrac{1}{x-1}$

(3) $\dfrac{1}{x-1}-\dfrac{1}{x}=\dfrac{1}{6}$ (4) $\dfrac{1}{x-2}-\dfrac{1}{x-4}=\dfrac{1}{x-3}-\dfrac{1}{x-5}$

4 무리방정식

방정식

$$\sqrt{x-1}=3-x,\quad \sqrt{x+5}=2x$$

등과 같이 미지수 x에 대한 무리식을 포함하는 방정식을 **무리방정식**(irrational equation)이라고 한다. 무리방정식을 풀 때에는 근호를 없애서 분수방정식과 마찬가지로 정방정식으로 고쳐서 푼다. 이때 근은 실수의 범위에서만 생각한다.

예제 2.3.4

다음 무리방정식을 풀어라.

$$3\sqrt{x-5}=\sqrt{x+3}$$

#풀이 양변을 제곱하여 정방정식으로 고치면

$$9(x-5)=x+3$$
$$\therefore\ x=6$$

이다. 이것을 주어진 방정식에 대입하면

$$(\text{좌변})=3\sqrt{6-5}=3,\ (\text{우변})=\sqrt{6+3}=3$$

이므로 (좌변)=(우변)이다. 따라서 주어진 방정식의 근은 $x=6$이다.

문제 2.3.4 다음 무리방정식을 풀어라.

(1) $\sqrt{x+1}=5-x$

(2) $2x=1+\sqrt{x+7}$

(3) $\sqrt{5x+1}=3\sqrt{x-3}$

(4) $2x+\sqrt{2x^2+1}-7=0$

5 연립방정식

일차연립방정식이란 일차방정식 여러 개를 한 쌍으로 묶어 놓은 것이다. 미지수가 2개 이상인 일차연립방정식의 경우는 가감법이나 대입법을 써서 미지수를 하나씩 소거하여 풀 수 있다.

예제 2.3.5

다음 연립방정식을 풀어라.

(1) $\begin{cases} x+y=20 & \cdots\cdots ① \\ 2x-y=7 & \cdots\cdots ② \end{cases}$

(2) $\begin{cases} x+y+z=4 & \cdots\cdots ① \\ 2x+y-z=8 & \cdots\cdots ② \\ 3x-2y+z=-1 & \cdots\cdots ③ \end{cases}$

#풀이 (1) ①+②에서 $3x=27$이므로 $x=9$, 이를 ①에 대입하면 $y=11$이다.

(2) ①과 ②, ②와 ③에서 z를 각각 소거하면

$$\begin{cases} 3x+2y=12 & \cdots\cdots ④ \\ 5x-y=7 & \cdots\cdots ⑤ \end{cases}$$

다시 ④와 ⑤에서 y를 소거하면

$$13x=26,\ x=2 \quad \cdots\cdots ⑥$$

이므로, ⑥을 ⑤에 대입하면

$$y=3 \quad \cdots\cdots ⑦$$

또 ⑥, ⑦을 ①에 대입하면

$$z=-1$$

따라서 구하는 해는

$$x=2,\ y=3,\ z=-1$$

문제 2.3.5 다음 연립일차방정식을 풀어라.

(1) $\begin{cases} 2x+y=2 \\ x-y=4 \end{cases}$ (2) $\begin{cases} 0.5x-0.2y=1 \\ \dfrac{5}{2}x-y-2=0 \end{cases}$

(3) $\begin{cases} x-3y+2z=-1 \\ -x+5y+z=8 \\ 3x+y-2z=9 \end{cases}$ (4) $\begin{cases} 2x-4y+9z=5 \\ x+2y+4z=2 \\ 2x+3y+7z=3 \end{cases}$

미지수가 2개인 일차방정식과 이차방정식 또는 이차방정식과 이차방정식을 연립한 방정식을 풀어보자.

연립방정식에서 차수가 가장 높은 방정식이 이차방정식인 것을 연립이차방정식이라고 한다. 연립이차방정식

$$\begin{cases} (\text{일차식})=0 \\ (\text{이차식})=0 \end{cases}$$

의 형태는 (일차식)$=0$에서 한 미지수를 다른 미지수에 관하여 풀어 정리한 후 그것을 (이차식)$=0$에 대입하여 이차방정식을 만들어 푼다.

또 연립이차방정식

$$\begin{cases} (\text{이차식})=0 \\ (\text{이차식})=0 \end{cases}$$

의 형태는 두 식 중 좌변이 인수분해되는 것이 있을 경우는 그것을 인수분해하여 (일차식)(일차식)$=0$의 형태로 만든 후 두 일차방정식과 남은 이차방정식을 연립하여 푼다.

예제 2.3.6

다음 연립방정식을 풀어라.

(1) $\begin{cases} x-y=1 & \cdots\cdots ① \\ x^2+y^2=41 & \cdots\cdots ② \end{cases}$ (2) $\begin{cases} 3x^2-5xy+2y^2=0 & \cdots\cdots ① \\ x^2-2xy+2y^2=10 & \cdots\cdots ② \end{cases}$

#풀이 (1) ①에서 $y=x-1$이므로, 이것을 ②에 대입하여 풀면

$$x^2+(x-1)^2=41$$
$$2x^2-2x-40=0,\ 2(x-5)(x+4)=0$$
$$\therefore\ x=5 \text{ 또는 } x=-4$$

$x=5$일 때 $y=4$,

$x=-4$ 일 때 $y=-5$

따라서 구하는 해는

$$\begin{cases} x=5 \\ y=4 \end{cases}, \quad \begin{cases} x=-4 \\ y=-5 \end{cases}$$

(2) ①의 좌변을 인수분해하면 $(3x-2y)(x-y)=0$

$$\therefore\ y=\frac{3}{2}x \text{ 또는 } y=x$$

$y=\frac{3}{2}x$일 때, 이것을 ②에 대입하여 정리하면

$$x^2=4\text{에서 } x=\pm 2$$
$$\therefore\ x=2,\ y=3 \text{ 또는 } x=-2,\ y=-3$$

또 $y=x$일 때, 이것을 ②에 대입하여 정리하면

$$x^2=10\text{에서 } x=\pm\sqrt{10}$$
$$\therefore\ x=\sqrt{10},\ y=\sqrt{10} \text{ 또는 } x=-\sqrt{10},\ y=-\sqrt{10}$$

따라서 구하는 해는

$$\begin{cases} x=2 \\ y=3 \end{cases}, \begin{cases} x=-2 \\ y=-3 \end{cases}, \begin{cases} x=\sqrt{10} \\ y=\sqrt{10} \end{cases}, \begin{cases} x=-\sqrt{10} \\ y=-\sqrt{10} \end{cases}$$

문제 2.3.6 다음 연립방정식을 풀어라.

(1) $\begin{cases} x+2y=5 \\ 2x^2+y^2=19 \end{cases}$ (2) $\begin{cases} x^2-3xy+2y^2=0 \\ x^2-xy+y^2=6 \end{cases}$

2.4 부등식

부등호 $>,\ <,\ \geq,\ \leq$를 사용하여

$$a>2,\ a^2+2a+1<2a+3$$

과 같이 수나 식의 대소 관계를 나타낸 것이 **부등식**(inequality)이다.

실수와 허수 사이나 허수와 허수 사이에는 대소 관계를 생각할 수 없으므로 부등식에

포함된 문자는 모두 실수를 나타내는 것으로 한다.

1 일차부등식

실수의 대소 관계와 마찬가지로 다음과 같은 부등식의 기본 성질이 성립한다.

정리 2.4.1

세 실수 a, b, c에 대하여

(1) $a > b,\ b > c$이면 $a > c$

(2) $a > b$이면 $a+c > b+c,\ a-c > b-c$

(3) $a > b,\ c > 0$이면 $ac > bc,\ \dfrac{a}{c} > \dfrac{b}{c}$

(4) $a > b,\ c < 0$이면 $ac < bc,\ \dfrac{a}{c} < \dfrac{b}{c}$

예제 2.4.1

$-1 \le x \le 2$일 때, 다음 식의 범위를 구하여라.

(1) $3-2x$ (2) $3x-2$

#풀이 (1) $2 \ge -2x \ge -4$이므로 $-1 \le 3-2x \le 5$

(2) $-3 \le 3x \le 6$이므로 $-5 \le 3x-2 \le 4$

문제 2.4.1 $-2 \le x \le 3$일 때, 다음 식의 범위를 구하여라.

(1) $2x+3$ (2) $10-3x$

예제 2.4.2

부등식 $4x+1 > x+3$을 풀어라.

#풀이 부등식 $4x+1 > x+3$의 양변에서 1을 뺀다.

$$4x > x+2$$

부등식 $4x > x+2$의 양변에서 x를 뺀다.

$$3x > 2$$

부등식 $3x > 2$의 양변을 3으로 나눈다.

$$x > \frac{2}{3}$$

문제 2.4.2 다음 부등식을 풀어라.

(1) $5x+(3x-6) > 0$ (2) $2(x-5) \geq 3x+1$

(3) $\frac{x-3}{2} - \frac{x+4}{3} \geq 0$ (4) $\frac{2x+5}{3} \leq \frac{12-x}{5}$

2 절댓값을 포함하는 부등식

임의의 실수 x의 절댓값 $|x|$는 수직선 위의 원점으로부터 x를 나타내는 점까지의 거리이다.

일반적으로 $a > 0$일 때, 절댓값의 정의에 의하여 다음 관계가 성립한다.

(i) $|x| < a \Leftrightarrow -a < x < a$

(ii) $|x| > a \Leftrightarrow x < -a$ 또는 $x > a$

부등식을 만족시키는 x의 값을 그 해라 하고, 해를 구하는 것을 **부등식을 푼다**고 한다.

예제 2.4.3

다음 부등식을 풀어라.

(1) $|x+3| < 5$ (2) $|x|+|x-2| \leq 4$

풀이 (1) $|x+3| < 5 \Leftrightarrow -5 < x+3 < 5$

$-5 < x+3$에서 $x > -8$ …… (a)

$x+3 < 5$에서 $x < 2$ …… (b)

(a), (b)에서 $-8 < x < 2$

(2) $x < 0$, $0 \leq x < 2$, $x \geq 2$인 경우로 나누어 푼다.

(i) $x<0$일 때

$$-x-(x-2) \le 4\text{에서}$$
$$-2x+2 \le 4 \qquad \therefore\ x \ge -1$$

그런데 $x<0$이므로

$$-1 \le x < 0$$

(ii) $0 \le x < 2$일 때

$$x-(x-2) \le 4\text{에서}$$
$$0 \cdot x \le 2 \qquad \therefore\ \text{해는 모든 실수}$$

그런데 $0 \le x < 2$이므로

$$0 \le x < 2$$

(iii) $x \ge 2$일 때

$$x+(x-2) \le 4\text{에서}$$
$$2x-2 \le 4 \qquad \therefore\ x \le 3$$

그런데 $x \ge 2$이므로

$$2 \le x \le 3$$

(i), (ii), (iii)에서 $-1 \le x \le 3$이다.

문제 2.4.3 다음 부등식을 풀어라.

(1) $|x-3|<1$

(2) $|3x-1| \ge 6$

(3) $|x-1|+|x|>3$

(4) $|x+3|+|x-3| \le 3$

3 이차부등식

부등식에서 모든 항을 좌변으로 이항하여 정리하였을 때, 좌변이 x의 이차식이 되는 경우 (단, $a \ne 0$)

$$ax^2+bx+c>0,\ ax^2+bx+c \ge 0$$
$$ax^2+bx+c<0,\ ax^2+bx+c \le 0$$

과 같은 부등식을 x의 **이차부등식**(quadratic inequality)이라고 한다.

일반적으로 이차방정식 $ax^2+bx+c=0\ (a \neq 0)$이 서로 다른 두 실근 α, $\beta(\alpha<\beta)$를 가질 때, 즉 $D=b^2-4ac>0$인 경우는

$$ax^2+bx+c=a(x-\alpha)(x-\beta)$$

와 같이 인수분해된다.

이때 $a>0$이면 ax^2+bx+c의 부호는 $(x-\alpha)(x-\beta)$의 부호와 같고, x의 값의 변화에 따른 $(x-\alpha)(x-\beta)$의 부호는 다음과 같다.

x	$x<\alpha$	$x=\alpha$	$\alpha<x<\beta$	$x=\beta$	$x>\beta$
$x-\alpha$	$-$	0	$+$	$+$	$+$
$x-\beta$	$-$	$-$	$-$	0	$+$
$(x-\alpha)(x-\beta)$	$+$	0	$-$	0	$+$

따라서 $D>0$일 때, 이차부등식의 해는 다음과 같다.

정리 2.4.2

이차방정식 $ax^2+bx+c=0\ (a>0)$이 서로 다른 두 실근 α, $\beta(\alpha<\beta)$를 가질 때

(1) $ax^2+bx+c>0$의 해는 $x<\alpha$ 또는 $x>\beta$

(2) $ax^2+bx+c<0$의 해는 $\alpha<x<\beta$

(3) $ax^2+bx+c \geq 0$의 해는 $x \leq \alpha$ 또는 $x \geq \beta$

(4) $ax^2+bx+c \leq 0$의 해는 $\alpha \leq x \leq \beta$

예제 2.4.4

다음 이차부등식을 풀어라.

(1) $x^2-2x-3>0$ (2) $x^2-x-12 \leq 0$

#풀이 (1) 이차방정식 $x^2-2x-3=0$에서

$$x^2-2x-3=(x+1)(x-3)=0$$

의 근은 $x=-1,\ 3$ 이므로
구하는 해는 $x<-1$ 또는 $x>3$이다.

(2) 이차방정식 $x^2-x-12=0$에서

$$x^2-x-12=(x+3)(x-4)=0$$

의 근은 $x=-3,\ 4$ 이므로
구하는 해는 $-3\le x\le 4$이다.

문제 2.4.4 다음 이차부등식을 풀어라.

(1) $(x+3)(x-1)>0$

(2) $(x-4)(x+3)<0$

(3) $-2x^2+5x+7\le 0$

(4) $x^2-4x+3\le 0$

이차방정식 $ax^2+bx+c=0\ \ (a>0)$이 중근 α를 가질 때, 즉 $D=b^2-4ac=0$인 경우는

$$ax^2+bx+c=a(x-\alpha)^2$$

과 같이 인수분해된다.

따라서 $D=0$일 때, 이차부등식의 해는 다음과 같다.

정리 2.4.3

이차방정식 $ax^2+bx+c=0\ \ (a>0)$이 중근 α를 가질 때

(1) $ax^2+bx+c>0$의 해는 $x\ne\alpha$인 모든 실수

(2) $ax^2+bx+c<0$의 해는 없다.

(3) $ax^2+bx+c\ge 0$의 해는 모든 실수

(4) $ax^2+bx+c\le 0$의 해는 $x=\alpha$

예제 2.4.5

다음 이차부등식을 풀어라.

(1) $x^2-6x+9>0$ (2) $x^2-10x+25<0$

풀이 (1) 이차방정식 $x^2-6x+9=0$에서

$$x^2-6x+9=(x-3)^2=0$$

의 근은 $x=3$이므로

구하는 해는 $x\neq 3$인 모든 실수이다.

(2) 이차방정식 $x^2-10x+25=0$에서

$$x^2-10x+25=(x-5)^2=0$$

의 근은 $x=5$이므로

구하는 해는 없다.

문제 2.4.5 다음 이차부등식을 풀어라.

(1) $x^2+2x+1>0$ (2) $-9x^2+6x-1\leq 0$

이차방정식 $ax^2+bx+c=0\ (a>0)$이 허근을 가질 때, 즉 $D=b^2-4ac<0$인 경우는

$$\begin{aligned} ax^2+bx+c &= a\left(x+\frac{b}{2a}\right)^2-\frac{b^2-4ac}{4a} \\ &= a\left(x+\frac{b}{2a}\right)^2+\left(\frac{-D}{4a}\right) \end{aligned}$$

에서 $a\left(x+\frac{b}{2a}\right)^2\geq 0,\ \frac{-D}{4a}>0$이므로 모든 실수 x에 대하여 다음이 성립한다.

$$a\left(x+\frac{b}{2a}\right)^2+\left(\frac{-D}{4a}\right)>0$$

즉, 모든 실수 x에 대하여 $ax^2+bx+c>0$이다.

따라서 $D<0$일 때, 이차부등식의 해는 다음과 같다.

정리 2.4.4

이차방정식 $ax^2+bx+c=0\ (a>0)$이 허근을 가질 때

(1) $ax^2+bx+c>0$의 해는 모든 실수

(2) $ax^2+bx+c<0$의 해는 없다.

(3) $ax^2+bx+c\geq 0$의 해는 모든 실수

(4) $ax^2+bx+c\leq 0$의 해는 없다.

예제 2.4.6

다음 이차부등식을 풀어라.

(1) $x^2-4x+5>0$ (2) $x^2-2x+4<0$

풀이 (1) 이차방정식 $x^2-4x+5=0$에서

$$x^2-4x+5=(x-2)^2+1=0$$

이므로 구하는 해는 모든 실수이다.

(2) 이차방정식 $x^2-2x+4=0$에서

$$x^2-2x+4=(x-1)^2+3=0$$

이므로 구하는 해는 없다.

문제 2.4.6 다음 이차부등식을 풀어라.

(1) $x^2-4x+7>0$ (2) $x^2-10x+30<0$

(3) $2x^2+2x+1\geq 0$ (4) $3x^2-2x+1\leq 0$

예제 2.4.7

모든 실수 x에 대하여 부등식 $x^2+x-1\geq kx-2$가 항상 성립하도록 실수 k의 값의 범위를 정하여라.

풀이 주어진 부등식을 정리하면

$$x^2+(1-k)x+1\geq 0$$

인 이차부등식이 항상 성립하기 위해서는, 판별식을 D라 하면

$$D=(1-k)^2-4\cdot 1\cdot 1\le 0$$

$$k^2-2k-3\le 0 \qquad \therefore\ (k+1)(k-3)\le 0$$

이 성립해야 한다. 따라서 구하는 k의 값의 범위는 $-1\le k\le 3$이다.

문제 2.4.7 다음 부등식이 모든 실수에 대하여 성립하도록 실수 k의 값의 범위를 정하여라.

(1) $x^2-2kx-k>0$ (2) $-x^2+(k+1)x-k^2<0$

4 고차부등식

부등식의 모든 항을 좌변으로 이항하여

$$f(x)>0,\ f(x)\ge 0,\ f(x)<0,\ f(x)\le 0$$

과 같은 꼴로 나타내었을 때, $f(x)$가 삼차의 다항식인 것을 **삼차부등식**이라 하고, $f(x)$가 사차의 다항식인 것을 **사차부등식**이라고 한다.

또 삼차 이상인 부등식을 통틀어 **고차부등식**(inequality of higher degree)이라고 한다.

◆ 보기 (1) $x^3-x^2-2x+1<2x-3$은 $x^3-x^2-4x+4<0$이므로 삼차부등식이다.

(2) $x^4-x^2+3\le 2x^2-3$은 $x^4-3x^2+6\le 0$이므로 사차부등식이다.

일반적으로 고차부등식은 인수분해를 이용하여 다음과 같이 푼다.

(1) 최고차항의 계수가 양수로 되게 변형하여

$$f(x)>0,\ f(x)\ge 0,\ f(x)<0,\ f(x)\le 0$$

과 같은 꼴로 만든다.

(2) 방정식 $f(x)=0$을 풀어, $f(x)$를 실수의 집합에서 인수분해한다.

(3) $f(x)$의 부호를 표나 수직선으로 조사하여 주어진 부등식의 해를 구한다.

예제 2.4.8

부등식 $x^3 - x^2 - 4x + 4 < 0$을 풀어라.

풀이 $f(x) = x^3 - x^2 - 4x + 4$로 놓고 $f(x)$를 인수분해하면

$$f(x) = (x+2)(x-1)(x-2)$$

여기서 $f(x) = 0$으로 하는 x의 값

$$x = -2,\ 1,\ 2$$

을 경계로 하여 $f(x)$의 값의 부호를 조사하면 다음과 같다.

x	$x<-2$	$x=-2$	$-2<x<1$	$x=1$	$1<x<2$	$x=2$	$x>2$
$x+2$	$-$	0	$+$	$+$	$+$	$+$	$+$
$x-1$	$-$	$-$	$-$	0	$+$	$+$	$+$
$x-2$	$-$	$-$	$-$	$-$	$-$	0	$+$
$f(x)$	$-$	0	$+$	0	$-$	0	$+$

위의 표에서 $f(x) < 0$이 되는 x의 값의 범위는

$$x<-2 \text{ 또는 } 1<x<2$$

문제 2.4.8 다음 부등식을 풀어라.

(1) $(x+1)(x-1)(x-3) > 0$

(2) $x^3 - 6x^2 + 11x - 6 < 0$

(3) $(x^2 - 3x - 18)(x+4) \geq 0$

(4) $(x+3)(x^2+6x+5) \leq 12(x+3)$

예제 2.4.9

부등식 $x^3 + x - 2 \leq 0$을 풀어라.

풀이 $f(x) = x^3 + x - 2$로 놓고 $f(x)$를 인수분해하면

$$f(x) = (x-1)(x^2+x+2)$$

그런데 $x^2+x+2=\left(x+\frac{1}{2}\right)^2+\frac{7}{4}>0$이므로

$$\begin{aligned}(x-1)(x^2+x+2)\le 0 \quad &\Leftrightarrow \quad x-1\le 0\\ &\Leftrightarrow \quad x\le 1\end{aligned}$$

따라서 구하는 해는 $x\le 1$이다.

문제 2.4.9 다음 부등식을 풀어라.

(1) $x^3-x^2+x-1>0$

(2) $2x^3-3x^2+3x-1<0$

(3) $x^4-6x^2+5\le 0$

(4) $x^4+x^3-21x^2-x+20\ge 0$

5 연립부등식

연립부등식에서 차수가 가장 높은 부등식이 이차부등식일 때, 이 부등식을 **연립이차부등식**이라고 한다. 연립일차부등식의 풀이와 마찬가지로 연립이차부등식을 풀 때에도 각각의 부등식을 풀어 그 해의 공통인 범위를 구하면 된다.

예제 2.4.10

다음 연립이차부등식을 풀어라.

$$\begin{cases} x^2+2x-15\le 0 & \cdots\cdots (a)\\ x^2-2x-1>0 & \cdots\cdots (b)\end{cases}$$

#풀이 (a)에서 $(x+5)(x-3)\le 0$이므로

$$-5\le x\le 3 \quad \cdots\cdots (c)$$

(b)에서 $x^2-2x-1=0$의 근이 $x=1\pm\sqrt{2}$이므로

$$x<1-\sqrt{2},\ x>1+\sqrt{2} \quad \cdots\cdots (d)$$

따라서 구하는 연립부등식의 해는 (a), (b)를 동시에 만족시키는 (c), (d)의 공통범위이므로

$$-5\le x<1-\sqrt{2},\ 1+\sqrt{2}<x\le 3$$

문제 2.4.10 다음 연립이차부등식을 풀어라.

(1) $\begin{cases} x-3<2x \\ x^2-3x+2 \geq 0 \end{cases}$ (2) $\begin{cases} x^2-5x+4 \geq 0 \\ x^2-3x-10<0 \end{cases}$

(3) $\begin{cases} x^2-2x-3<0 \\ 2x^2+x-10<0 \end{cases}$ (4) $\begin{cases} x^2+4x-5>0 \\ 3x^2-2x-8 \leq 0 \end{cases}$

삼차 또는 사차부등식에 대한 연립부등식을 풀어보자.

연립부등식의 해는 각 부등식의 해를 구하여, 그 공통인 범위를 구하면 된다.

예제 2.4.11

다음 연립부등식을 풀어라.

$$\begin{cases} x^3+5x^2+5x+4>0 & \cdots\cdots ① \\ 2x^3+9x^2+9x<0 & \cdots\cdots ② \end{cases}$$

 # 풀이 ①의 좌변을 인수분해하면

$$(x+4)(x^2+x+1)>0$$

그런데 $x^2+x+1=\left(x+\frac{1}{2}\right)^2+\frac{3}{4}>0$이므로

$$(x+4)(x^2+x+1)>0 \iff x+4>0$$

$$\iff x>-4 \qquad \cdots\cdots ③$$

②의 좌변을 인수분해하면

$$x(x+3)(2x+3)<0$$

이므로

$$x(x+3)(2x+3)<0$$

$$\iff x<-3 \text{ 또는 } -\frac{3}{2}<x<0 \qquad \cdots\cdots ④$$

③, ④를 동시에 만족하는 x의 값의 범위는

$$-4<x<-3 \text{ 또는 } -\frac{3}{2}<x<0$$

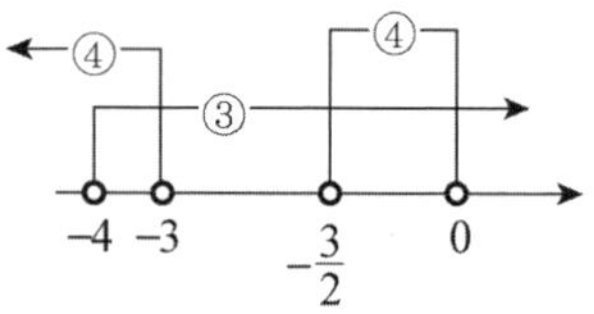

문제 2.4.11 다음 연립부등식을 풀어라.

(1) $\begin{cases} 2x^2-2x-1<0 \\ x^3-2x^2-5x+6>0 \end{cases}$　　(2) $\begin{cases} x^3+4x^2+x-6<0 \\ x^3+2x^2+2x+1 \geq 0 \end{cases}$

6 분수부등식

부등식의 모든 항을 좌변으로 이항하여

$$f(x)>0,\ f(x)\geq 0,\ f(x)<0,\ f(x)\leq 0$$

과 같은 꼴로 나타내었을 때, $f(x)$가 분수식인 것을 **분수부등식**(fractional inequality)이라 하고, 다항식만으로 이루어진 부등식과 분수부등식을 통틀어 **유리부등식**(rational inequality)이라고 한다.

◆ 보기　$\dfrac{1}{x}<1,\ \dfrac{(x+1)(x-3)}{x-2}\leq 0$ 등은 분수부등식이다.

일반적으로 분수부등식은 다음과 같은 방법으로 푼다.

(1) 부등식의 모든 항을 좌변으로 이항하여 통분한다.
(2) 분모의 제곱을 양변에 곱하여 일·이차 또는 고차부등식의 해를 구한다.
(3) (2)에서 구한 해 중에서 분모가 0이 되게 하는 값은 제외한다.

예제 2.4.12

부등식 $\dfrac{6}{x+1}<x+2$를 풀어라.

풀이　부등식의 우변을 좌변으로 이항하여 정리하면

$$\frac{6-(x+2)(x+1)}{x+1}<0 \quad \Leftrightarrow \quad -\frac{(x+4)(x-1)}{x+1}<0$$

즉, $\dfrac{(x+4)(x-1)}{x+1}>0$이다.

양변에 양수 $(x+1)^2$을 곱하면

$$(x+4)(x-1)(x+1)>0$$

$f(x)=(x+4)(x-1)(x+1)$로 놓으면
$f(x)=0$으로 하는 x의 값

$$x=-4,\ -1,\ 1$$

을 경계로 하여 $f(x)$의 값의 부호를 조사하면 다음과 같다.

x	$x<-4$	$x=-4$	$-4<x<-1$	$x=-1$	$-1<x<1$	$x=1$	$x>1$
$x+4$	$-$	0	$+$	$+$	$+$	$+$	$+$
$x+1$	$-$	$-$	$-$	0	$+$	$+$	$+$
$x-1$	$-$	$-$	$-$	$-$	$-$	0	$+$
$f(x)$	$-$	0	$+$	0	$-$	0	$+$

따라서 구하는 부등식의 해는 $-4<x<-1$ 또는 $x>1$이다.

문제 2.4.12 다음 부등식을 풀어라.

(1) $\dfrac{9}{x-8}\leq-1$　　　　(2) $\dfrac{2x-1}{x+2}>0$

예제 2.4.13

다음 부등식을 풀어라.

(1) $\dfrac{4x^2+12x-3}{3x^2+11x-4}<1$　　　　(2) $\dfrac{x-3}{|x-4|}<2$

#풀이 (1) 부등식의 우변을 좌변으로 이항하여 정리하면

$$\frac{4x^2+12x-3}{3x^2+11x-4}-1<0 \quad\Leftrightarrow\quad \frac{x^2+x+1}{3x^2+11x-4}<0$$

즉, $\dfrac{x^2+x+1}{(3x-1)(x+4)}<0$이다.

그런데 $x^2+x+1=\left(x+\dfrac{1}{2}\right)^2+\dfrac{3}{4}>0$이므로

$$(3x-1)(x+4)<0$$

이것을 풀면 $-4 < x < \frac{1}{3}$이다.

(2) (i) $x > 4$일 때, $\frac{x-3}{x-4} < 2$ …… ①

$x-4 > 0$이므로, ①의 양변에 $x-4$를 곱하면

$$x-3 < 2(x-4) \quad \therefore\ x > 5$$

(ii) $x < 4$일 때, $\frac{x-3}{-(x-4)} < 2$ …… ②

$x-4 < 0$이므로, ②의 양변에 $x-4$를 곱하면

$$-(x-3) > 2(x-4) \quad \therefore\ x < \frac{11}{3}$$

따라서 구하는 부등식의 해는 $x < \frac{11}{3}$ 또는 $x > 5$

문제 2.4.13 다음 부등식을 풀어라.

(1) $\frac{2x^2+5x-3}{x^2-x+1} \leq 0$

(2) $\frac{x+5}{x^3-1} > \frac{1}{x-1}$

(3) $\frac{x-2}{|x-5|} \geq 3$

(4) $\frac{x^2-4x+3}{|x-2|} \leq 2$

예제 2.4.14

연립부등식 $0 < \frac{2x}{x+1} \leq 1$을 풀어라.

#풀이 주어진 부등식은

$$\frac{2x}{x+1} > 0 \quad \cdots\cdots ①$$

$$\frac{2x}{x+1} \leq 1 \quad \cdots\cdots ②$$

를 동시에 만족하는 x의 값의 범위를 구하는 것이므로 ①에서

$$\frac{2x}{x+1} > 0 \iff 2x(x+1) > 0$$

$$\iff x < -1 \text{ 또는 } x > 0 \quad \cdots\cdots ③$$

②에서

$$\frac{2x}{x+1} \le 1 \iff \frac{x-1}{x+1} \le 0$$

$$\iff (x-1)(x+1) \le 0\text{이고 } x \ne -1$$

$$\iff -1 < x \le 1 \qquad \cdots\cdots ④$$

따라서 ③, ④를 동시에 만족하는 x의 값의 범위는 $0 < x \le 1$이다.

문제 2.4.14 다음 부등식을 풀어라.

(1) $1 \le \dfrac{x}{x+1} < 2$

(2) $0 < \dfrac{3x+8}{x^2+x+1} < 2$

문제 2.4.15 다음 연립부등식을 만족하는 정수 x를 모두 구하여라.

$$\begin{cases} \dfrac{1}{x-3} \le \dfrac{1}{x+2} \\ x^2 - x \ge 0 \end{cases}$$

7 절대부등식

부등식 $x+2 > x$, $(x-1)^2 \ge 0$과 같이 문자에 어떠한 실수 값을 대입하여도 성립하는 부등식을 **절대부등식**(absolute inequality)이라 하고, 부등식 $x-1>0$, $(x-1)(x+2)<0$과 같이 문자에 어떤 특정한 값을 대입할 때에만 성립하는 부등식을 **조건부등식**(conditional inequality)이라고 한다.

부등식을 증명할 때, 다음과 같은 실수의 성질을 이용하면 편리하다.

임의의 실수 a, b에 대하여

(1) $a > b \iff a - b > 0$

(2) $a > 0,\ b > 0 \iff a+b>0,\ ab>0$

(3) $a^2 \pm 2ab + b^2 \ge 0$ (단, 등호는 $a=b$일 때 성립)

(4) $a>0,\ b>0$일 때 $a > b \iff a^2 > b^2$

(5) 산술평균 · 기하평균 · 조화평균

$$a \geq 0,\ b \geq 0 \text{일 때, } \frac{a+b}{2} \geq \sqrt{ab} \geq \frac{2ab}{a+b}$$

(단, 등호는 $a=b$일 때 성립)

(6) 코시-슈바르츠 부등식

$$(a^2+b^2)(x^2+y^2) \geq (ax+by)^2$$

(단, 등호는 $ay=bx$일 때 성립)

예제 2.4.15

임의의 양수 a, b에 대하여 $(a+b)\left(\frac{1}{a}+\frac{4}{b}\right)$의 최솟값을 구하여라.

 # 풀이 (산술평균)≥(기하평균)을 이용하면

$$\begin{aligned}(a+b)\left(\frac{1}{a}+\frac{4}{b}\right) &= 1+\frac{4a}{b}+\frac{b}{a}+4 \\ &= 5+\frac{b}{a}+\frac{4a}{b} \\ &\geq 5+2\sqrt{\frac{4a}{b}\cdot\frac{b}{a}}=9\end{aligned}$$

따라서 최솟값은 9이다.

문제 2.4.16 임의의 양수 a, b에 대하여 $a+b=3$일 때 $\frac{1}{a}+\frac{4}{b}$의 최솟값을 구하여라.

예제 2.4.16

실수 x, y에 대하여 $\frac{x}{2}+y=5$일 때, x^2+y^2의 최솟값을 구하여라.

 # 풀이 코시-슈바르츠 부등식에 의하여

$$\left(\left(\frac{1}{2}\right)^2+1^2\right)(x^2+y^2) \geq \left(\frac{x}{2}+y\right)^2$$

이므로

$$x^2+y^2 \geq 20$$

즉, 최솟값은 20이다.

문제 2.4.17 $x^2+y^2=5$일 때, $x+3y$의 최솟값을 구하여라.

CHAPTER 2 연습문제

01. 다음 이차방정식을 풀어라.

(1) $(x-2)(x-1)=2$ (2) $x^2+(x-1)^2=0$

(3) $x^2-x=2x^2-2x+3$ (4) $(x+1)(x-3)=2x$

02. 다음 이차방정식이 중근을 가지도록 상수 k의 값을 정하여라. 또 그때의 중근을 구하여라.

(1) $2x^2-4x+k=0$ (2) $x^2-2kx+k+6=0$

03. 이차방정식 $x^2+4x+k=0$이 허근을 가지도록 상수 k의 값의 범위를 정하여라.

04. 다음 이차방정식의 두 근의 합과 곱을 구하여라.

(1) $x^2-4x+3=0$ (2) $2x^2+3x-6=0$

05. 이차방정식 $3x^2-6x+1=0$의 두 근을 α, β라 할 때, 다음 두 수를 근으로 가지는 이차방정식을 구하여라.

(1) α^2, β^2 (2) $\dfrac{\alpha}{\alpha-1}$, $\dfrac{\beta}{\beta-1}$

06. 다음 방정식을 풀어라.

(1) $x^3-4x^2+3x+2=0$ (2) $x^3-x^2+3x+5=0$

(3) $x^4-2x^3+2x-1=0$ (4) $x^4-9x^2+4x+12=0$

07. 삼차방정식 $x^3+ax+6=0$의 한 근은 -3이다. 이때 다음 물음에 답하여라.

(1) 실수 a의 값을 구하여라.

(2) 이 방정식의 세 근의 합을 구하여라.

08. 방정식 $x^4+ax^3+ax^2+11x+b=0$은 -2와 3을 근으로 가진다. 이때 다음 물음에 답하여라.

(1) 상수 a, b의 값을 구하여라.

(2) 이 방정식의 남은 근을 구하여라.

09. 다음 분수방정식을 풀어라.

(1) $x+\dfrac{2}{x-3}=6$

(2) $\dfrac{5-x}{x-2}=5x+\dfrac{3}{x-2}$

(3) $\dfrac{x}{x+2}+\dfrac{4}{x^2-4}=\dfrac{1}{x-2}$

(4) $\dfrac{6}{x^2+x-2}=\dfrac{3}{x+2}+\dfrac{2x}{x-1}+1$

10. 다음 무리방정식을 풀어라.

(1) $\sqrt{x+2}+2=2x$

(2) $3\sqrt{5+x}-x=7$

(3) $\sqrt{3-x}-\sqrt{2x+3}=1$

(4) $\sqrt{5x-1}+\sqrt{3x-2}=\sqrt{9-4x}$

11. 분수방정식 $\dfrac{1}{x-1}+\dfrac{2}{x+2}=a$의 두 근의 차가 3이다. 그 두 근을 구하여라. 또 그때 상수 a의 값을 구하여라.

12. 방정식 $\sqrt{x+3}=x+k$가 중근을 갖도록 k의 값을 정하여라. 또 그때의 중근을 구하여라.

13. 다음 연립방정식을 풀어라.

(1) $\begin{cases} x-y=0 \\ 5x^2-y^2=16 \end{cases}$

(2) $\begin{cases} 2x-y-5=0 \\ x^2+y^2=25 \end{cases}$

(3) $\begin{cases} x+y=3 \\ xy=2 \end{cases}$

(4) $\begin{cases} x+y=4 \\ (x+2)(y+2)=15 \end{cases}$

14. 다음 부등식을 풀어라.

(1) $|x-1|+|x-2|<3$

(2) $|x+1|+|2-x|>5$

15. 다음 이차부등식을 풀어라.

(1) $2x^2 - x - 15 < 0$ (2) $6x^2 - 11x - 10 > 0$

(3) $2x^2 + 3x \le 0$ (4) $6x^2 + x > 12$

16. 다음 연립부등식을 풀어라.

(1) $\begin{cases} x + 6 > 2x^2 \\ x^2 - 4x - 5 > 0 \end{cases}$ (2) $\begin{cases} 2x^2 + 3x - 9 < 0 \\ 4x^2 + x - 3 \ge 0 \end{cases}$

17. 이차방정식

$$x^2 - (3k-1)x + 2k^2 - 1 = 0$$

이 서로 다른 두 실근을 갖도록 상수 k의 값의 범위를 정하여라.

18. 두 이차방정식

$$x^2 + nx + n = 0 \qquad \cdots\cdots ①$$

$$2x^2 + 4nx + 7n + 9 = 0 \qquad \cdots\cdots ②$$

에 대하여 ①이 실근을 가지고, ②가 허근을 가지도록 정수 n의 값을 정하여라.

19. 다음 부등식을 풀어라.

(1) $x^3 - 10x^2 + 29x - 20 \ge 0$

(2) $x^3 - 3x^2 + 3x - 2 < 0$

(3) $x^4 - 5x^3 + 10x^2 - 10x + 4 \ge 0$

(4) $(x^2 - 5x + 4)(x^2 - 3x) < 0$

20. 다음 연립부등식을 풀어라.

(1) $\begin{cases} 2x^2 - 7x < 4 \\ 2x - 1 < x^3 \end{cases}$ (2) $\begin{cases} x^2 - x - 6 \le 0 \\ x^4 + x^3 - x - 1 > 0 \end{cases}$

21. 다음 부등식을 풀어라.

(1) $\dfrac{2x-3}{x+1} < 1$ (2) $\dfrac{x-4}{x-2} > \dfrac{x-3}{x-1}$

(3) $\dfrac{(x+2)(x-3)}{x-1}<0$　　　　(4) $\dfrac{3}{x+2}+1<\dfrac{2}{2-x}$

22. 다음 두 부등식을 동시에 만족시키는 정수 x의 값을 구하여라.

$$\begin{cases} 2x^2-5x-3<0 \\ 2x^3+3x^2-8x+3>0 \end{cases}$$

23. $-3<x<1$일 때, 부등식 $a<\dfrac{1}{x-2}<b$가 성립하는 a의 최댓값과 b의 최솟값을 각각 구하여라.

24. a, b, x, y가 실수이고 $a^2+b^2=9$, $x^2+y^2=4$일 때, $ax+by$의 최댓값과 최솟값의 곱을 구하여라.

CHAPTER

3 함수

3.1 함수의 정의와 그래프

1 함수의 정의

두 집합

$X = \{$김연아, 박세리, 박태환, 이승엽$\}$
$Y = \{$골프, 수영, 야구, 피겨$\}$

에 대하여 $x \in X$, $y \in Y$일 때,

'x는 y선수이다.'

라는 관계로 짝지으면 오른쪽 그림과 같다.

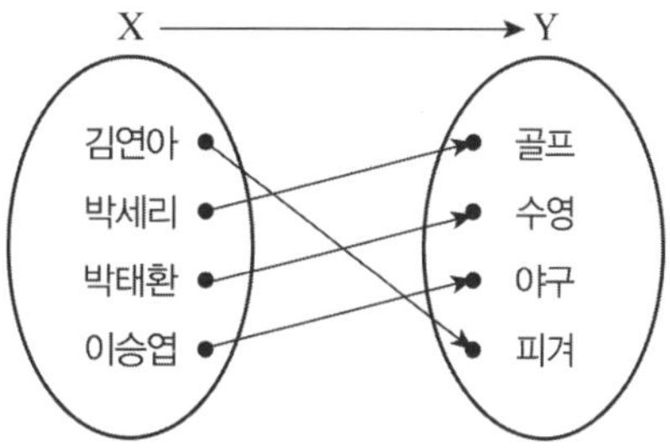

이와 같이, 어떤 주어진 관계에 의하여 집합 X의 원소에 집합 Y의 원소를 짝지어 주는 것을 X에서 Y로의 **대응**(correspondence)이라고 한다. 이때 집합 X의 원소 x에 집합 Y의 원소 y가 대응하는 것을 기호

$$x \mapsto y$$

로 나타내고, x에 y가 대응한다고 한다.

일반적으로 두 집합 X, Y에 대하여 집합 X의 각 원소에 집합 Y의 원소가 오직 하나씩 대응할 때, 이 대응 f를 X에서 Y로의 **함수**(function)라 하고, 이것을 기호로

$$f : X \to Y$$

와 같이 나타낸다.

이때 집합 X를 함수 f의 **정의역**(domain), 집합 Y를 함수 f의 **공역**(codomain)이라 한다. 정의역 X의 원소 x에 대응하는 Y의 원소를 $f(x)$로 나타내고, $f(x)$를 함수 f에

대한 x의 **함숫값**이라 한다. 함숫값 $f(x)$ 전체의 집합 $\{f(x) \mid x \in X\}$를 f의 **치역**(range)이라고 한다.

◆ 보기 오른쪽 그림의 함수 $f: X \to Y$에서
f의 정의역은 $X = \{1, 2, 3\}$
f의 공역은 $Y = \{a, b, c\}$
f의 치역은 $\{b, c\}$

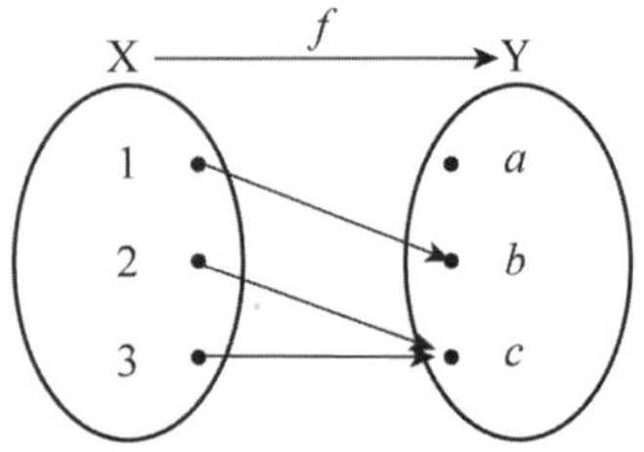

함수 $f: X \to Y$에서 정의역과 공역을 나타내지 않아도 혼동의 염려가 없을 때에는 대응 관계를 식

$$y = f(x)$$

로 나타내기도 한다.

◆ 보기 (1) 함수 $f(x) = 2x + 1$의 정의역, 치역은 모두 $\mathbb{R}$
(2) 함수 $f(x) = x^2$의 정의역은 $\mathbb{R}$, 치역은 음이 아닌 실수의 집합
(3) 함수 $f(x) = \dfrac{1}{x}$의 정의역, 치역은 모두 $\mathbb{R} - \{0\}$

예제 3.1.1

함수 $f(x) = x^2 - 4x + 2$에 대하여 다음을 구하여라.

(1) $f(1)$ (2) $f(-2)$ (3) $f(a+1)$

풀이 함수 $f(x) = x^2 - 4x + 2$에서
(1) $f(1) = (1)^2 - 4(1) + 2 = -1$
(2) $f(-2) = (-2)^2 - 4(-2) + 2 = 14$
(3) $f(a+1) = (a+1)^2 - 4(a+1) + 2$
$= a^2 + 2a + 1 - 4a - 4 + 2 = a^2 - 2a - 1$

문제 3.1.1 다음 함수의 정의역과 치역을 말하여라.

(1) $f(x) = 3x - 1$ (2) $f(x) = -x^2 + 1$ (3) $f(x) = \dfrac{1}{x-3}$

문제 3.1.2 $f(x)=x^2-2$일 때 다음을 구하여라.

(1) $f(1)$ (2) $f(6)$ (3) $f\left(-\frac{1}{2}\right)$ (4) $f\left(-\frac{2}{3}\right)$

(5) $f(a)$ (6) $f(-a)$ (7) $f(a+h)$ (8) $f(a-h)$

두 함수 $f: X \to Y$, $g: X \to Y$에서 모든 $x \in X$에 대하여 $f(x)=g(x)$일 때, 두 함수 f와 g는 **같다**고 하고, 기호로

$$f=g$$

로 나타낸다.

예제 3.1.2

집합 $X=\{-1,\ 0,\ 1\}$에 대하여 X에서 X로의 두 함수 f, g가 $f(x)=x$, $g(x)=x^3$일 때, 두 함수가 서로 같은 함수인지 또는 아닌지를 말하여라.

#풀이 집합 $X=\{-1,\ 0,\ 1\}$에 대하여

$$f(-1)=-1,\ f(0)=0,\ f(1)=1$$
$$g(-1)=-1,\ g(0)=0,\ g(1)=1$$

이므로 $f=g$이다.

문제 3.1.3 다음 두 함수 f와 g는 서로 같은 함수인지 또는 아닌지를 말하여라.

(1) 정의역이 $\{-1,\ 0,\ 1\}$일 때, $f(x)=x^2$, $g(x)=|x|$

(2) $f(x)=|x|$, $g(x)=\begin{cases} x & (x \geq 0) \\ -x & (x<0) \end{cases}$

함수 $f: X \to Y$에서 정의역의 각 원소 x와 그의 함숫값 $f(x)$로 이루어진 순서쌍 $(x,\ f(x))$ 전체의 집합을 그 함수의 **그래프(graph)**라고 한다. 즉, 함수 $y=f(x)$의 그래프는

$$\{(x,\ y) \mid y=f(x),\ x \in X\}$$

이다.

예제 3.1.3

$f(x)=2x-1$의 그래프를 그려라.

풀이 $y=2x-1$의 기울기는 2, 절편이 -1이므로 오른쪽 그림과 같다.

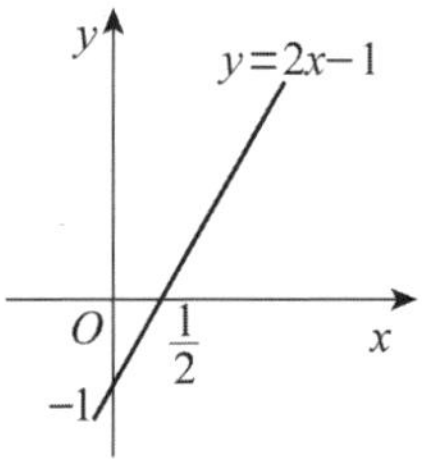

예제 3.1.4

$f(x)=x^2$의 그래프를 그려라.

풀이 x의 여러 가지 값에 대응하는 y의 값을 표로 나타내면 다음과 같다.

x	$\cdots$	-3	-2	-1	0	1	2	3	$\cdots$
y	$\cdots$	9	4	1	0	1	4	9	$\cdots$

이를 만족하는 순서쌍 $(x,\ y)$를 좌표평면 위에 나타내고 이 점들을 매끄러운 곡선으로 연결하면 다음과 같다.

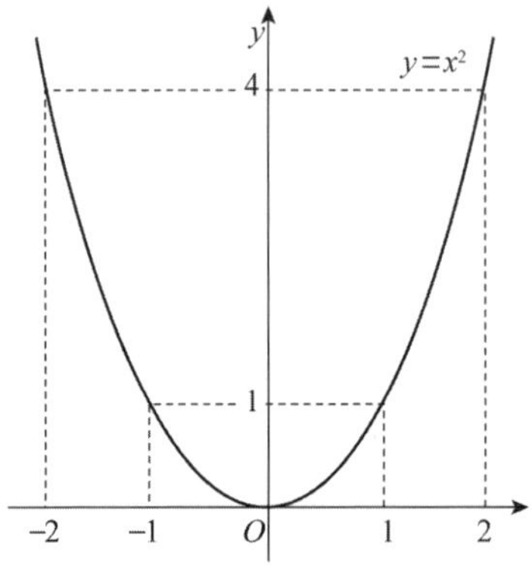

문제 3.1.4 다음 함수의 그래프를 그려라.

(1) $f(x)=-\dfrac{2}{3}x+2$ (2) $f(x)=x^2-4x+3$ (3) $f(x)=|2x-1|$

오른쪽 그림과 같은 함수 $f : X \to Y$는 공역과 치역이 모두 $\{4, 5, 6\}$으로 서로 같다. 또 정의역 $X = \{1, 2, 3\}$의 서로 다른 두 원소에 대하여 다음을 알 수 있다.

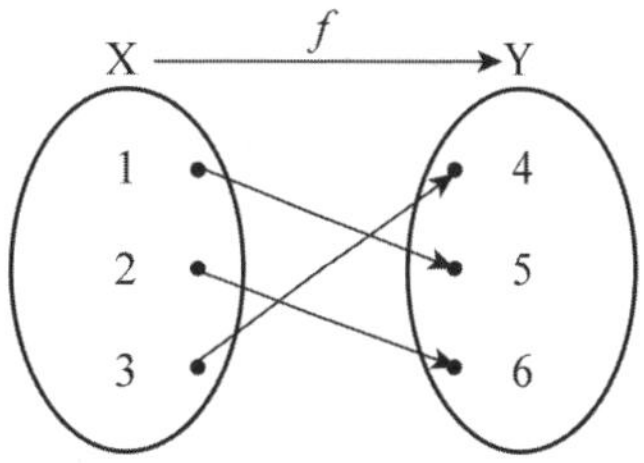

$$f(1) \neq f(2),\ f(2) \neq f(3),\ f(1) \neq f(3)$$

이와 같이 함수 $f : X \to Y$에서 정의역 X의 서로 다른 두 원소 x_1, x_2에 대하여

$$x_1 \neq x_2 \text{이면 } f(x_1) \neq f(x_2)$$

를 만족하는 함수 f를 X에서 Y로의 **일대일함수**(one-to-one function)라고 한다. 함수 $f : X \to Y$가 일대일함수이면서 치역과 공역이 같을 때, 즉,

$$\{f(x) \mid x \in X\} = Y$$

일 때, 함수 f를 **일대일대응**(one-to-one correspondence)이라고 한다. 또 함수 $f : X \to Y$가 모든 $x \in X$에 대하여

$$f(x) = x$$

일 때, 함수 f를 X에서의 **항등함수**(identity function)라고 한다. 특히 함수 $f : X \to Y$에서 정의역 X의 임의의 원소 x에 대하여

$$f(x) = c \ (c\text{는 상수})$$

일 때, 함수 f를 **상수함수**(constant function)라고 한다. 즉, 상수함수의 치역은 한 개의 원소로 이루어진 집합이다.

◆ 보기 $y = x$는 항등함수이고, $y = 3$은 상수함수이다.

문제 3.1.5 다음 함수 가운데 일대일대응인 것은 어느 것인가?

(1) $f(x) = 3x - 1$ (2) $f(x) = |x|$ (3) $f(x) = 2x^2$

문제 3.1.6 다음 그림에서 항등함수와 상수함수의 그래프를 각각 찾아라.

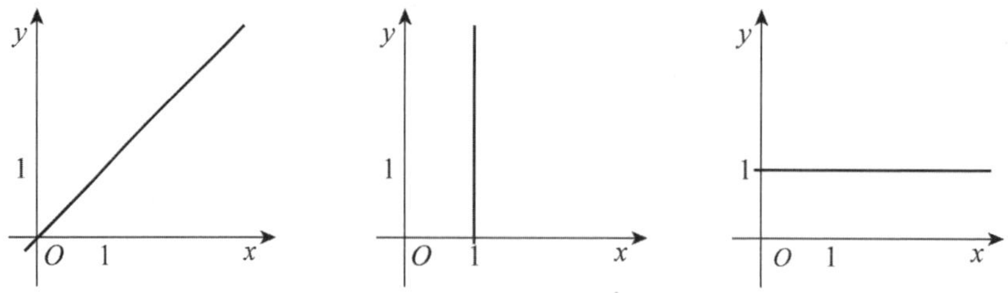

2 합성함수

두 함수 $f: X \to Y$, $g: Y \to Z$의 **합성함수**(composition function) $g \circ f$는 다음과 같이 정의된다.

$$g \circ f: X \to Z, \ (g \circ f)(x) = g(f(x))$$

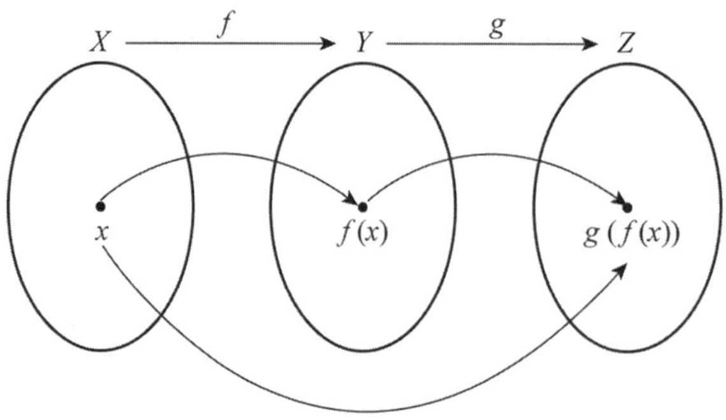

예제 3.1.5

두 함수 $f(x) = 2x + 1$, $g(x) = x^2 - 2$에 대하여 다음을 구하여라.

(1) $(f \circ f)(-1)$ (2) $(g \circ f)(-1)$

#풀이 (1) $(f \circ f)(-1) = f(f(-1)) = f(2 \cdot (-1) + 1)$

$= f(-1) = 2 \cdot (-1) + 1$

$= -1$

$$\begin{aligned}(2)\ (g \circ f)(-1) &= g(f(-1)) = g(2\cdot(-1)+1)\\ &= g(-1) = (-1)^2 - 2\\ &= -1\end{aligned}$$

문제 3.1.7 두 함수 $f(x) = -x^2 + 2x$, $g(x) = x - 2$에 대하여 다음을 구하여라.

(1) $(f \circ f)(1)$　　(2) $(g \circ g)(1)$

(3) $(f \circ g)(2)$　　(4) $(g \circ f)(2)$

예제 3.1.6

두 함수 $f(x) = 5x + 2$, $g(x) = 2x + 1$의 합성함수 $g \circ f$와 $f \circ g$를 각각 구하여라.

#풀이 $(g \circ f)(x) = g(f(x)) = g(5x+2) = 2(5x+2)+1 = 10x+5$

$(f \circ g)(x) = f(g(x)) = f(2x+1) = 5(2x+1)+2 = 10x+7$

위의 예제 3.1.4에서 알 수 있듯이, 일반적으로

$$g \circ f \neq f \circ g$$

즉, 함수의 합성에 있어서는 교환법칙이 성립하지 않는다.

문제 3.1.8 두 함수 $f(x)$, $g(x)$가 다음과 같을 때, 합성함수 $g \circ f$와 $f \circ g$를 구하여라.

(1) $f(x) = 2x - 3$, $g(x) = 3x + 1$　　(2) $f(x) = 5x - 1$, $g(x) = x^2 - 2$

문제 3.1.9 세 함수 $f(x) = 3x - 1$, $g(x) = 2x^2$, $h(x) = -x + 1$에 대하여 $f \circ (g \circ h) = (f \circ g) \circ h$임을 보여라.

3 역함수

일반적으로 함수 $f : X \to Y$가 X에서 Y로의 일대일대응이면, Y의 각 원소 y에 대하여 $y = f(x)$인 X의 원소 x는 오직 하나뿐이다. 즉, Y의 각 원소 y에 $y = f(x)$인

X의 원소 x를 대응시키면 Y에서 X로의 새로운 함수가 얻어진다. 이 함수를 f의 **역함수**(inverse function)라 하고, 기호

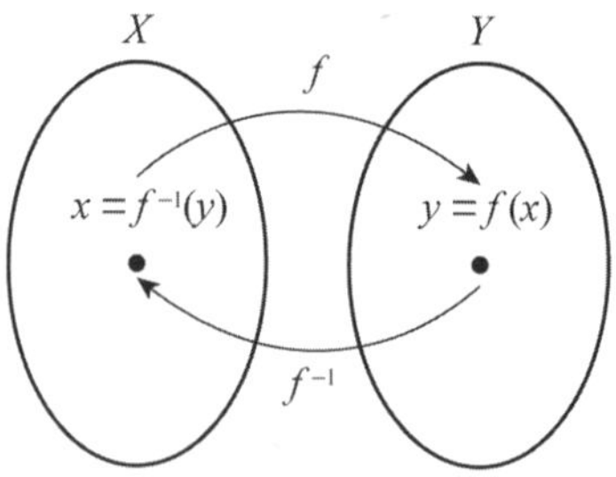

$$f^{-1} : Y \to X$$

로 나타낸다. 즉, 역함수의 정의로부터

$$y = f(x) \ \Leftrightarrow \ x = f^{-1}(y)$$

이다.

함수와 그 역함수 사이에는 다음 관계가 성립한다.

정리 3.1.1

함수 $f : X \to Y$가 일대일대응이고 $x \in X$, $y \in Y$일 때

(1) 역함수 $f^{-1} : Y \to X$가 존재한다.

(2) $y = f(x) \ \Leftrightarrow \ x = f^{-1}(y)$

(3) $(f^{-1} \circ f)(x) = x$, $(f \circ f^{-1})(y) = y$, $(f^{-1})^{-1}(x) = f(x)$

참고 함수 f와 역함수 f^{-1}의 정의역과 치역은 서로 바뀐다.

문제 3.1.10 오른쪽 그림과 같은 함수 $f : X \to Y$에 대하여 다음 물음에 답하여라.

(1) f의 역함수 f^{-1}가 존재함을 보여라.

(2) $f(2)$와 $f^{-1}(5)$의 값을 구하여라.

(3) $(f^{-1} \circ f)(2)$와 $(f \circ f^{-1})(5)$의 값을 구하여라.

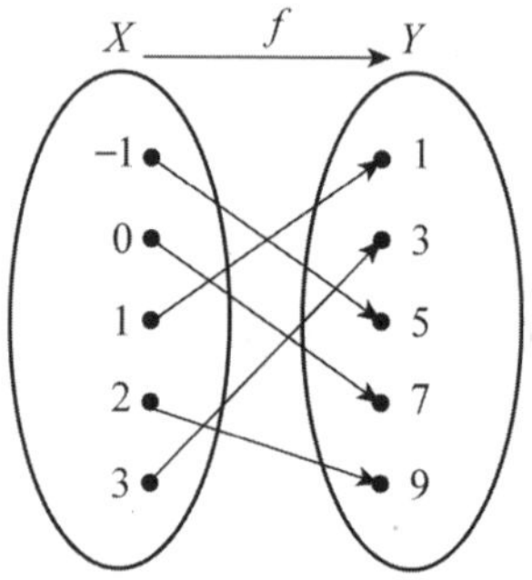

함수 $y = f(x)$에 대하여 정의역의 원소를 x, 치역의 원소를 y로 나타내는 것이 보통이므로 $y = f(x)$의 역함수 $x = f^{-1}(y)$에서 x와 y를 서로 바꾸어서

$$y = f^{-1}(x)$$

로 나타내고, $y = f^{-1}(x)$를 $y = f(x)$의 역함수라고 한다.

함수 $y=f(x)$의 역함수는 다음과 같이 구한다.

1단계 x와 y를 서로 바꾸어 놓는다.
2단계 $x=f(y)$를 y에 대하여 풀어 $y=g(x)$이 꼴로 나타낸다.

예제 3.1.7

함수 $y=2x+3$의 역함수를 구하여라.

풀이 함수 $y=2x+3$은 일대일대응이므로 역함수가 존재한다.
$y=2x+3$에서 x와 y를 서로 바꾸면

$$x=2y+3$$

이것을 y에 대하여 풀면 구하는 역함수는

$$y=\frac{1}{2}x-\frac{3}{2}$$

문제 3.1.11 다음 함수의 역함수를 구하여라.

(1) $y=x+2$ (2) $y=3x+7$ (3) $y=-\frac{1}{2}x+3$

문제 3.1.12 다음 함수는 역함수가 존재하는가? 역함수가 존재하면 그것을 구하고, 역함수가 존재하지 않으면 그 이유를 밝혀라.

(1) $y=-3x+2$ (2) $y=x^2$

함수 $y=f(x)$의 역함수 $y=f^{-1}(x)$가 존재할 때, 함수 $y=f(x)$의 그래프 위의 임의의 점을 (a, b)라고 하면

$$b=f(a) \Leftrightarrow a=f^{-1}(b)$$

따라서 점 (b, a)는 $y=f(x)$의 역함수 $y=f^{-1}(x)$의 그래프 위에 있다. 그런데 점 (a, b)와 점 (b, a)는 직선 $y=x$에 대하여 대칭이다.

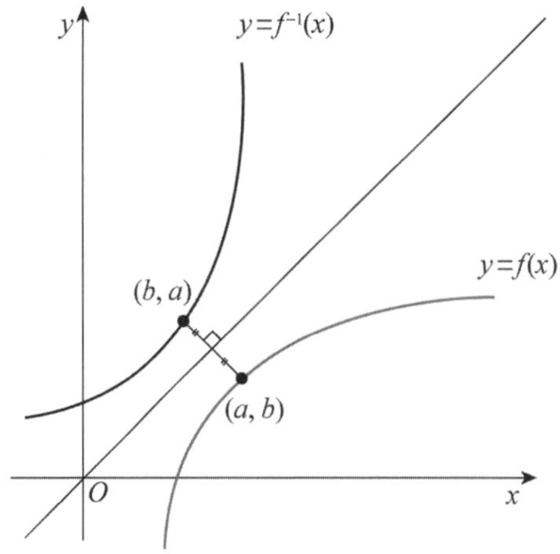

◆ 보기 함수 $y=2x+1$의 역함수는 $y=\frac{1}{2}x-\frac{1}{2}$이고, 두 함수의 그래프는 $y=x$에 대하여 대칭이다.

문제 3.1.13 다음 함수의 역함수를 구하고, 그 그래프를 그려라.

(1) $y=-3x+2$ (2) $y=\frac{1}{2}x-3$

3.2 다항함수

함수 $y=f(x)$에서 $f(x)$가 $x+2$, $2x^2-3x+1$, $-x^3+2x^2+1$과 같이 x에 대한 다항식일 때, $y=f(x)$를 **다항함수**(polynomial function)라고 한다.

또 다항식 $f(x)$의 차수가 일차, 이차, 삼차, $\cdots$일 때, 그 다항함수를 각각 일차함수, 이차함수, 삼차함수, $\cdots$라고 한다.

특히 c가 상수일 때, 상수함수 $f(x)=c$도 다항함수이다.

◆ 보기 $y=x+2$, $y=2x^2-3x+1$, $y=-x^3+2x^2+1$는 각각 일차함수, 이차함수, 삼차함수이다.

1 일차함수

함수 $y = ax + b\ \ (a \neq 0)$의 그래프는 기울기가 a이고, y절편이 b인 직선이다. 특히 $y = ax$의 그래프는 원점을 지나는 직선이다.

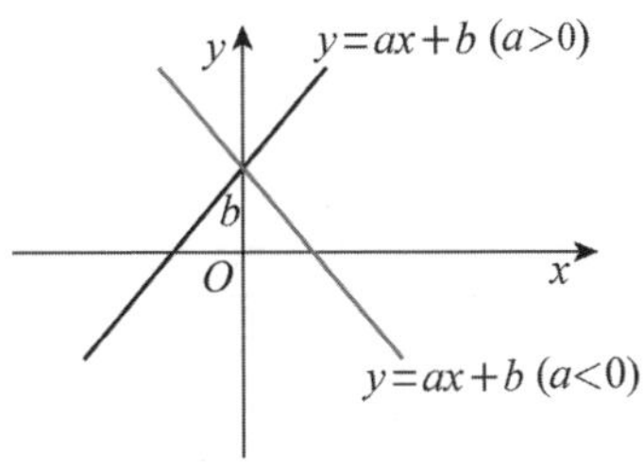

일차방정식 $-3x + 2y + 4 = 0$을 y에 관하여 풀면

$$y = \frac{3}{2}x - 2$$

이므로, 주어진 일차방정식은 기울기가 $\frac{3}{2}$, y절편이 -2인 직선을 나타낸다.

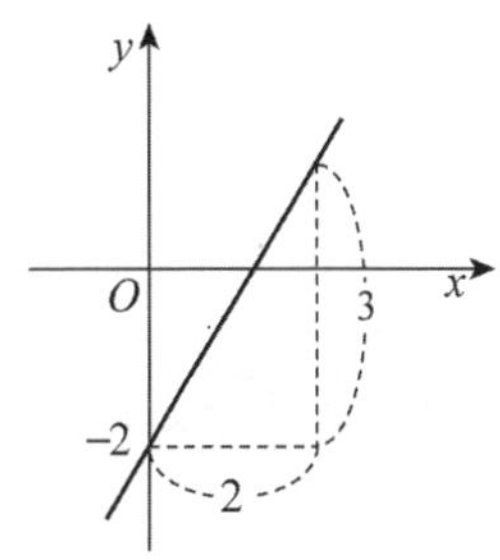

일반적으로 x, y의 일차방정식

$$ax + by + c = 0 \qquad \cdots\cdots ①$$

이 나타내는 도형은 모두 직선이다. 역으로 직선은 모두 일차방정식 ①로 나타낼 수 있다.

■ 한 점과 기울기가 주어진 직선의 방정식

점 $A(x_1,\ y_1)$을 지나고 기울기가 m인 직선의 방정식을 구하여 보자.

오른쪽 그림과 같이 점 A가 아닌 직선 위의 임의의 점을 $P(x,\ y)$라 하고, 직각삼각형 APP'을 잡으면

$$\overline{AP'} = x - x_1$$

$$\overline{PP'} = y - y_1$$

이때 직선의 기울기가 m이므로

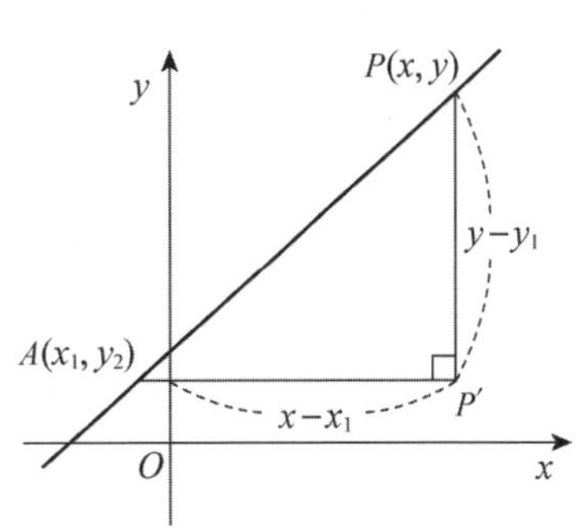

$$\frac{y-y_1}{x-x_1}=m$$

따라서 구하는 직선의 방정식은

$$y-y_1=m(x-x_1)$$

일반적으로 다음이 성립한다.

정리 3.2.1

좌표평면에서 점 $A(x_1,\ y_1)$을 지나고 기울기가 m인 직선의 방정식은

$$y-y_1=m(x-x_1)$$

예제 3.2.1

점 $A(-2,\ 3)$을 지나고 기울기가 2인 직선의 방정식을 구하여라.

#풀이 기울기가 2인 직선의 방정식을 $y=2x+b$라고 하면 이 직선이 점 $A(-2,\ 3)$를 지나므로

$$3=2\cdot(-2)+b \qquad \therefore\ b=7$$

따라서 구하는 직선의 방정식은 $y=2x+7$이다.

문제 3.2.1 다음 직선의 방정식을 구하여라.

(1) 점 $(1,\ 2)$를 지나고 기울기가 5인 직선

(2) 점 $(4,\ -6)$을 지나고 기울기가 $-\frac{2}{3}$인 직선

(3) 점 $(-2,\ 5)$를 지나고 기울기가 0인 직선

■ 두 점을 지나는 직선의 방정식

좌표평면에서 두 점 $A(x_1,\ y_1)$, $B(x_2,\ y_2)$를 지나는 직선의 방정식을 구하여 보자.

(i) $x_1 \neq x_2$일 때, 직선 AB의 기울기 m은

$$m = \frac{y_2 - y_1}{x_2 - x_1}$$

직선 AB는 점 $A(x_1,\ y_1)$를 지나므로 직선 AB의 방정식은

$$y - y_1 = \frac{y_2 - y_1}{x_2 - x_1}(x - x_1)$$

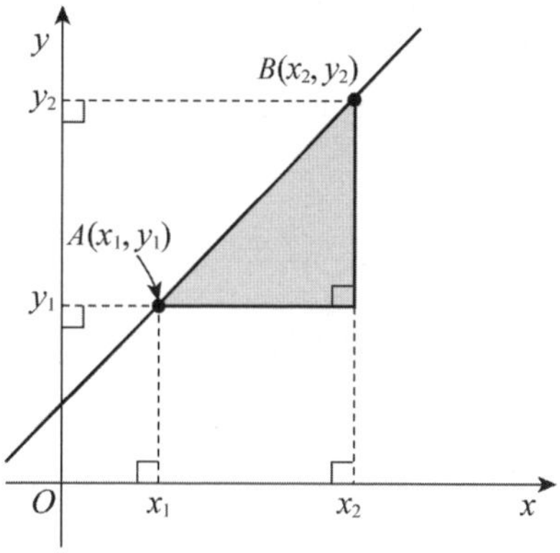

(ii) $x_1 = x_2$일 때, 직선 AB는 y축에 평행하므로 y좌표가 어떤 값이든지 x좌표는 항상 x_1이다.

따라서 직선 AB의 방정식은

$$x = x_1$$

이상을 정리하면 다음과 같다.

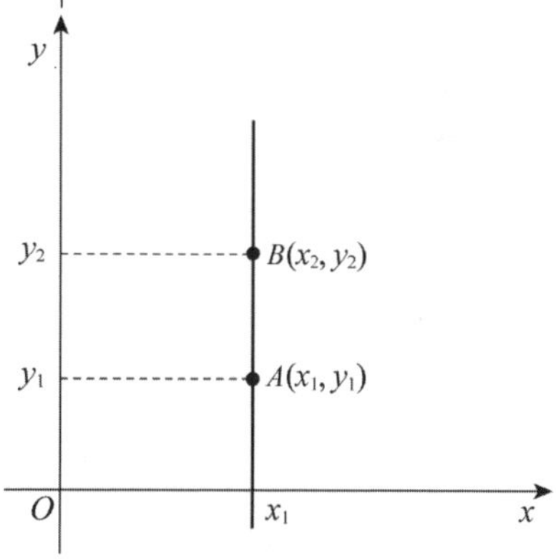

정리 3.2.2

좌표평면에서 두 점 $A(x_1,\ y_1)$, $B(x_2,\ y_2)$를 지나는 직선의 방정식은

$$x_1 \neq x_2\text{일 때, } y - y_1 = \frac{y_2 - y_1}{x_2 - x_1}(x - x_1)$$

$$x_1 = x_2\text{일 때, } x = x_1$$

예제 3.2.2

두 점 $A(1,\ -3)$, $B(2,\ -5)$를 지나는 직선의 방정식을 구하여라.

#풀이 두 점 $A(1,\ -3)$, $B(2,\ -5)$를 지나는 직선의 방정식은

$$y - (-3) = \frac{-5+3}{2-1}(x - 1)$$

$$\therefore\ y = -2x - 1$$

문제 3.2.2 다음 두 점 A, B를 지나는 직선의 방정식을 구하여라.

(1) $A(3,\ 1)$, $B(4,\ 3)$ (2) $A(-5,\ 6)$, $B(-2,\ -3)$

(3) $A(2,\ 0)$, $B(0,\ 3)$ (4) $A(0,\ -2)$, $B(-1,\ -2)$

문제 3.2.3 다음 일차함수의 그래프를 그려라.

(1) $y=3x-3$ (2) $y=-x+5$ (3) $y=-3x$

2 이차함수

이차함수 $y=ax^2+bx+c\ \ (a\neq 0)$의 성질을 알아보자.

이차함수 $y=ax^2+bx+c\ \ (a\neq 0)$는

$$\begin{aligned} y &= a\left(x^2+\frac{b}{a}x\right)+c \\ &= a\left\{x^2+\frac{b}{a}x+\left(\frac{b}{2a}\right)^2\right\}-\frac{b^2}{4a}+c \\ &= a\left(x+\frac{b}{2a}\right)^2-\frac{b^2-4ac}{4a} \end{aligned}$$

와 같이 변형할 수 있으므로, 이차함수 $y=ax^2+bx+c\ \ (a\neq 0)$의 그래프는 $y=ax^2$의 그래프를

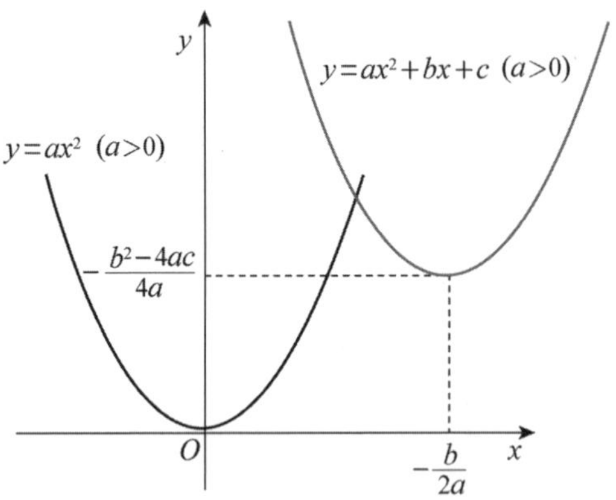

x축 방향으로 $-\dfrac{b}{2a}$,

y축 방향으로 $-\dfrac{b^2-4ac}{4a}$

만큼 평행이동한 것이다. 이때 축의 방정식은

$$x=-\frac{b}{2a}$$

꼭짓점의 좌표는 $\left(-\frac{b}{2a},\ -\frac{b^2-4ac}{4a}\right)$이다.

예제 3.2.3

이차함수 $y=-2x^2+6x-1$의 축의 방정식과 꼭짓점을 구하여라.

#풀이 이차함수

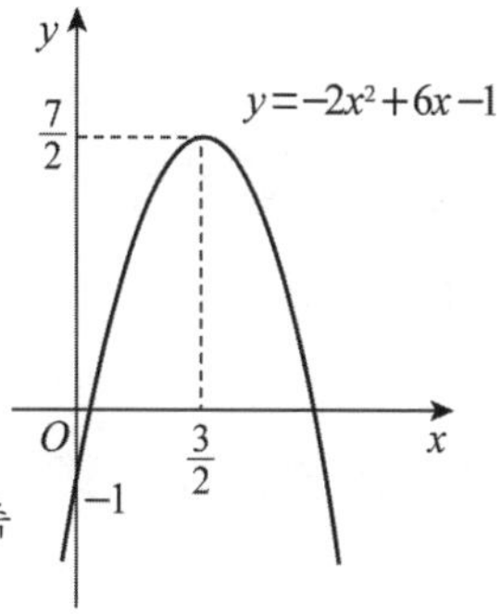

$$\begin{aligned} y &= -2x^2+6x-1 \\ &= -2(x^2-3x)-1 \\ &= -2\left(x-\frac{3}{2}\right)^2+\frac{7}{2} \end{aligned}$$

이므로, 그래프는 이차함수 $y=-2x^2$의 그래프를 x축 방향으로 $\frac{3}{2}$, y축 방향으로 $\frac{7}{2}$만큼 평행이동한 것이다.

이때 축의 방정식은 $x=\frac{3}{2}$, 꼭짓점의 좌표는 $\left(\frac{3}{2},\ \frac{7}{2}\right)$이다.

문제 3.2.4 다음 이차함수의 축의 방정식과 꼭짓점을 구하여라.

(1) $y=x^2+2x-2$ (2) $y=-x^2-6x-3$

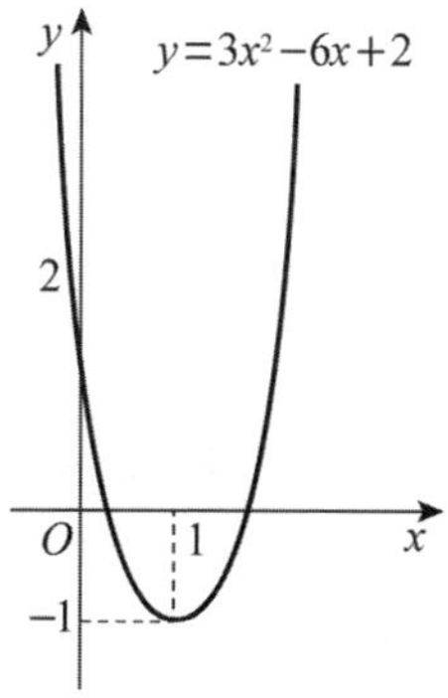

이차함수의 그래프를 이용하여 최댓값, 최솟값을 구하여 보자. 이차함수 $y=3x^2-6x+2$를 변형하면

$$y=3(x-1)^2-1$$

이므로, 그 그래프는 오른쪽 그림과 같다. 따라서 최솟값은 -1이고, 최댓값은 없다. 또 이차함수 $y=-x^2+4x+1$을 변형하면

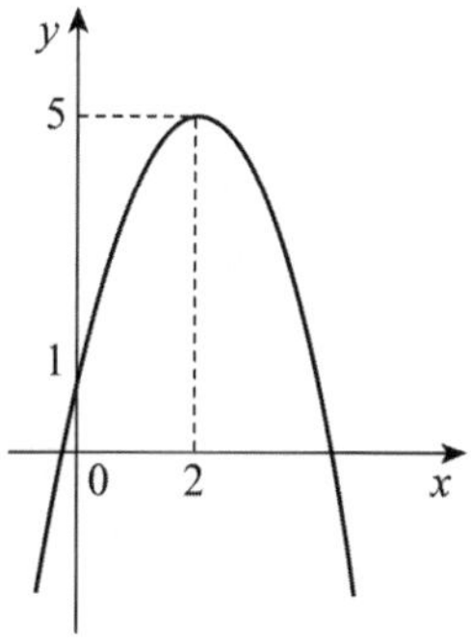

$$y=-(x-2)^2+5$$

이므로, 그 그래프는 오른쪽 그림과 같다. 따라서 최댓값은 5이고, 최솟값은 없다.

이차함수는 다음과 같은 성질이 있다.

정리 3.2.3

이차함수 $y = a(x-p)^2 + q$ 에서

(1) $a > 0$이면 $x = p$에서 최솟값 q를 갖고, 최댓값은 없다.

(2) $a < 0$이면 $x = p$에서 최댓값 q를 갖고, 최솟값은 없다.

문제 3.2.5 다음 함수의 최댓값, 최솟값을 구하여라.

(1) $y = x^2 + 4x - 1$ (2) $y = -2x^2 + 6x + 1$

예제 3.2.4

정의역이 $\{x \mid -2 \le x \le 2\}$일 때, 함수 $y = -x^2 - 2x + 5$ 의 최댓값과 최솟값을 구하여라.

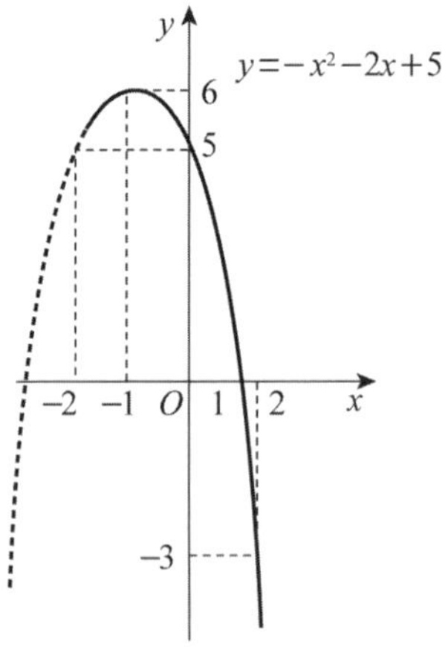

풀이 $y = -x^2 - 2x + 5$ 에서
정의역이 $\{x \mid -2 \le x \le 2\}$이므로

$x = -2$ 일 때 $y = 5$
$x = -1$ 일 때 $y = 6$
$x = 2$일 때 $y = -3$

따라서 오른쪽 그림에서

최댓값은 6
최솟값은 −3

문제 3.2.6 다음 주어진 구간에서 이차함수의 최댓값과 최솟값을 구하여라.

(1) $f(x) = x^2 + 4x \ (-4 \le x \le 1)$ (2) $f(x) = 3 - 4x - 2x^2 \ (0 \le x \le 2)$

이차함수의 그래프를 이용하여 이차방정식의 근을 구하여 보자.

이차방정식 $y = x^2 - 4x + 3$의 그래프가 직선 $y = 0$, 즉 x축과 만나는 점의 x좌표는 이차방정식 $x^2 - 4x + 3 = 0$의 실근이다.

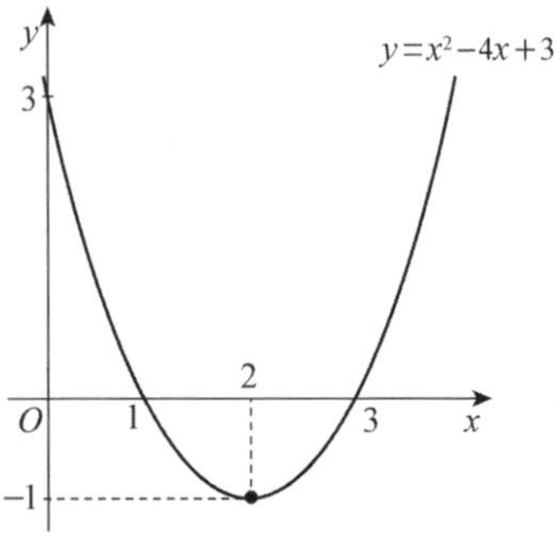

따라서 오른쪽 그림에서 함수

$$y = x^2 - 4x + 3$$

의 그래프와 x축과의 교점의 x좌표 $x=1$, $x=3$은 바로 이차방정식 $x^2-4x+3=0$의 근임을 알 수 있다.

일반적으로 이차함수 $y=ax^2+bx+c$의 그래프와 이차방정식 $ax^2+bx+c=0$ 사이에는 다음과 같은 관계가 성립한다.

이차함수 $y=ax^2+bx+c$		이차방정식 $ax^2+bx+c=0$
x축과 서로 다른 두 점에서 만난다.	$\Leftrightarrow$	서로 다른 두 실근을 갖는다.
x축과 접한다.	$\Leftrightarrow$	중근을 갖는다.
x축과 만나지 않는다.	$\Leftrightarrow$	서로 다른 두 허근을 갖는다.

이차함수 $y=ax^2+bx+c$의 그래프와 x축과의 교점의 x좌표는 이차방정식 $ax^2+bx+c=0$의 실근이다. 따라서 이차함수 $y=ax^2+bx+c$의 그래프와 x축과의 교점의 개수는 이차방정식 $ax^2+bx+c=0$의 판별식 $D=b^2-4ac$의 값의 부호에 따라 다음과 같이 결정된다.

정리 3.2.4

이차함수 $y=ax^2+bx+c$의 그래프는

(1) $D=b^2-4ac>0$이면 x축과 서로 다른 두 점에서 만난다.

(2) $D=b^2-4ac=0$이면 x축과 한 점에서 만난다(접한다).

(3) $D=b^2-4ac<0$이면 x축과 만나지 않는다.

예제 3.2.5

이차함수 $y=x^2+kx+2$의 그래프가 x축과 서로 다른 두 점에서 만나도록 상수 k의 값의 범위를 정하여라.

풀이 이차함수 $y=x^2+kx+2$의 그래프가 x축, 즉 직선 $y=0$과 서로 다른 두 점에서 만나려면 이차방정식 $x^2+kx+2=0$이 서로 다른 두 실근을 가져야 한다.
이차방정식 $x^2+kx+2=0$의 판별식을 D라고 하면

$$D=k^2-4\cdot 1\cdot 2>0$$

이어야 하므로

$$k^2-8>0,\ (k+2\sqrt{2})(k-2\sqrt{2})>0$$
$$\therefore\ k<-2\sqrt{2} \text{ 또는 } k>2\sqrt{2}$$

문제 3.2.7 이차함수 $y=2x^2+3kx+2$의 그래프가 다음 조건에 맞도록 상수 k의 값의 범위를 정하여라.

(1) x축과 서로 다른 두 점에서 만난다.

(2) x축에 접한다.

(3) x축과 만나지 않는다.

이차함수의 그래프를 이용하여 이차부등식의 해를 구하여 보자. 이차부등식 $ax^2+bx+c>0$의 해는 이차함수 $y=ax^2+bx+c$의 그래프에서 $y>0$인 x의 값의 범위, 즉 이 함수의 그래프가 x축 위쪽에 있는 x의 값의 범위이다.

또 이차부등식 $ax^2+bx+c<0$의 해는 이차함수 $y=ax^2+bx+c$의 그래프에서 $y<0$인 x의 값의 범위, 즉 이 함수의 그래프가 x축 아래쪽에 있는 x의 값의 범위이다.

◆ **보기** 이차방정식 $x^2-x-6=0$의 근은

$$x=-2,\ x=3$$

이므로 이차부등식 $x^2-x-6>0$의 해는

$$x<-2 \text{ 또는 } x>3$$

또 이차부등식 $x^2-x-6<0$의 해는

$$-2<x<3$$

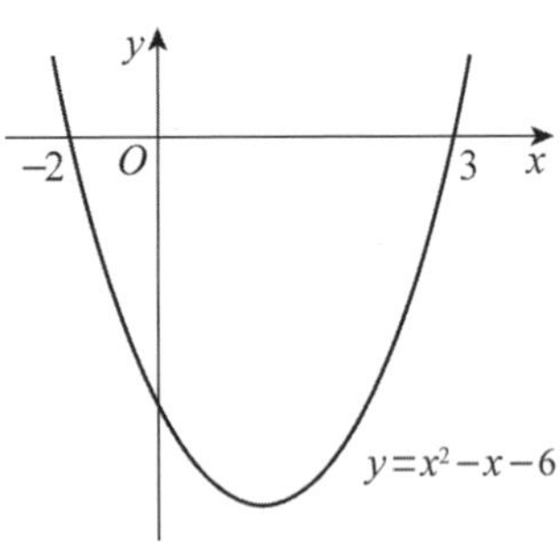

이차방정식 $ax^2+bx+c=0$의 판별식을 $D=b^2-4ac$라 하고, 두 실근을 갖는 경우

그것은 α, β $(\alpha \le \beta)$라고 하면, 이차부등식의 해와 이차함수의 그래프 사이에는 다음과 같은 관계가 있다.

	$D>0$	$D=0$	$D<0$
$y=ax^2+bx+c$ 의 그래프	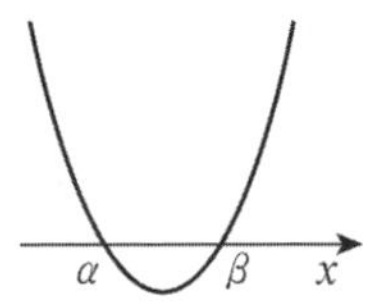	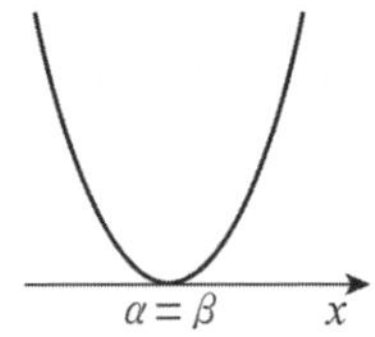	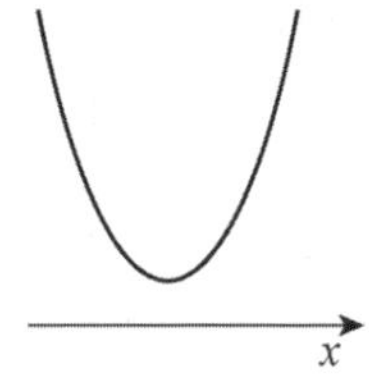
$ax^2+bx+c>0$의 해	$x<\alpha$ 또는 $x>\beta$	$x \ne \alpha$인 모든 실수	모든 실수
$ax^2+bx+c \ge 0$의 해	$x \le \alpha$ 또는 $x \ge \beta$	모든 실수	모든 실수
$ax^2+bx+c<0$의 해	$\alpha<x<\beta$	없다	없다
$ax^2+bx+c \le 0$의 해	$\alpha \le x \le \beta$	$x=\alpha$	없다

예제 3.2.6

모든 실수 x에 대하여 이차부등식 $x^2-2kx+9>0$이 성립하도록 상수 k의 값의 범위를 정하여라.

 # 풀이 $y=x^2-2kx+9$라 놓으면, 모든 실수 x에 대하여 $y>0$이 되기 위해서는 $D=(-2k)^2-4\cdot 1\cdot 9<0$이어야 한다. 즉,

$$4(k+3)(k-3)<0 \qquad \therefore\ -3<k<3$$

문제 3.2.8 모든 실수 x에 대하여 $x^2-2(a-2)x+2a(a-2)>0$이 성립하도록 상수 a의 값의 범위를 정하여라.

3 삼차함수

삼차함수 $y=ax^3+bx^2+cx+d$ $(a \ne 0)$의 성질을 알아보자.

정리 3.2.5

삼차함수 $y = ax^3$의 그래프는

(1) 원점에 대하여 대칭이다.

(2) $a > 0$일 때 x가 증가하면 y도 증가한다.

$a < 0$일 때 x가 증가하면 y는 감소한다.

(3) $|a|$가 클수록 y축에 가까워진다.

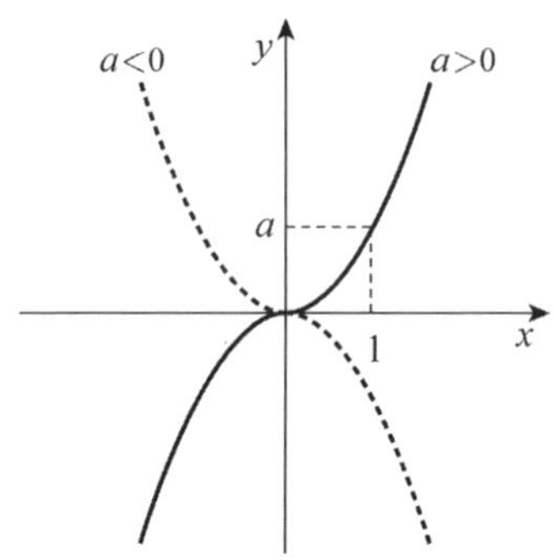

예제 3.2.7

다음 함수의 그래프를 그려라.

(1) $y = 2x^3$

(2)$y = -2x^3$

(3) $y = \frac{1}{2}x^3$

(4) $y = -\frac{1}{2}x^3$

#풀이 (1)

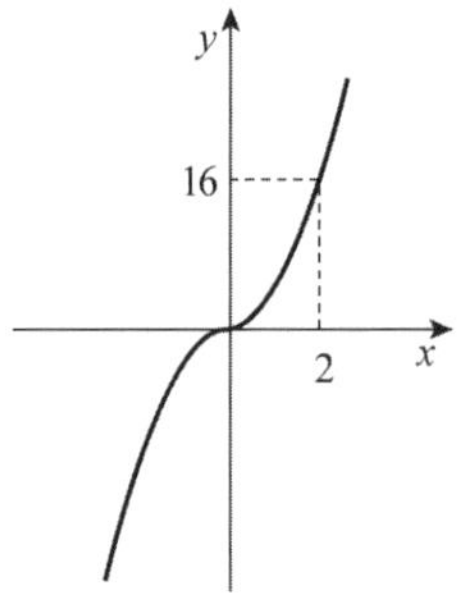

(2)

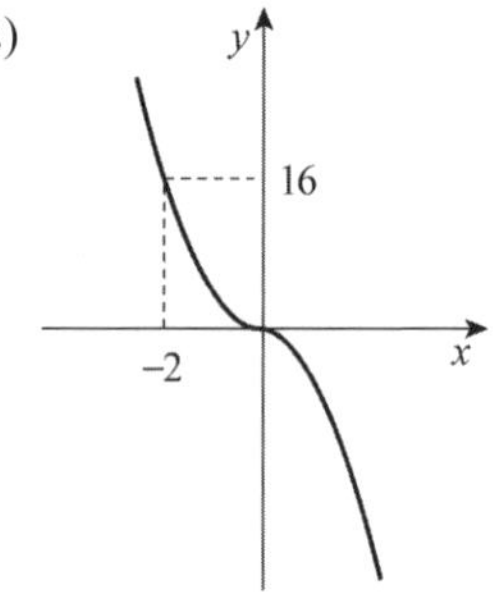

(3) (4)

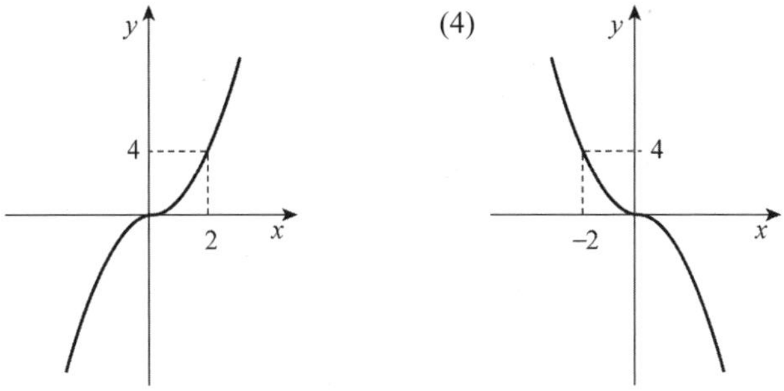

삼차함수 $y=a(x-m)^3+n$의 그래프는 $y=ax^3$의 그래프를 x축 방향으로 m만큼, y축 방향으로 n만큼 평행 이동한 것이다.

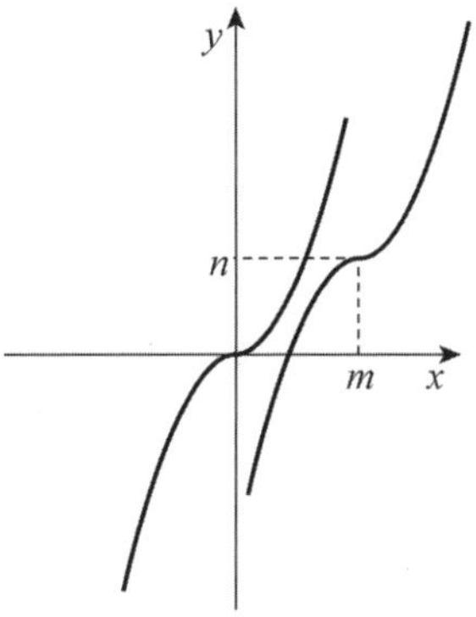

예제 3.2.8

다음 함수의 그래프를 그려라.

(1) $y=x^3+2$

(2) $y=(x+3)^3$

(3) $y=(x+3)^3+2$

(4) $y=(x-3)^3+2$

#풀이 (1) (2)

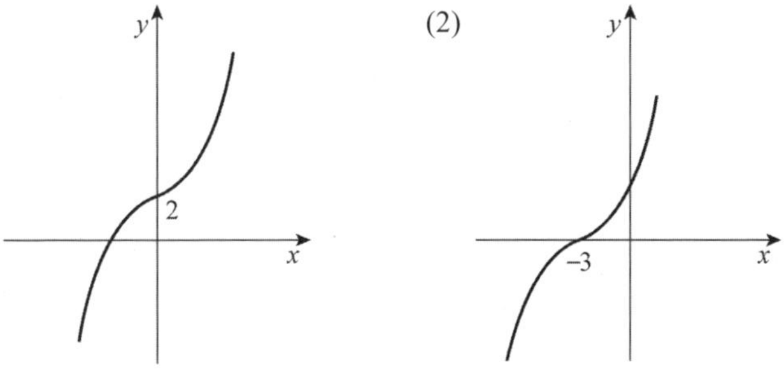

(3)

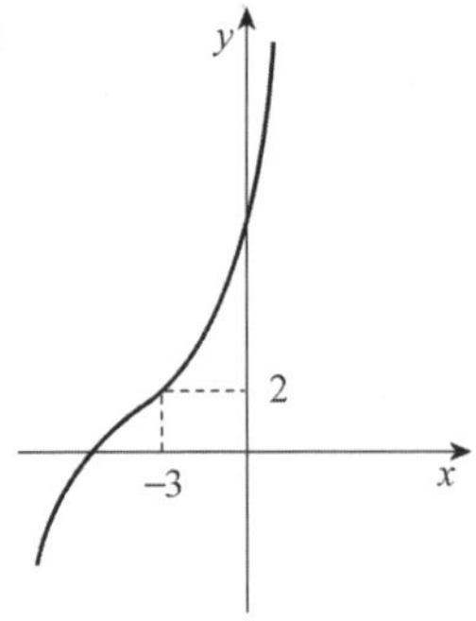

(4)

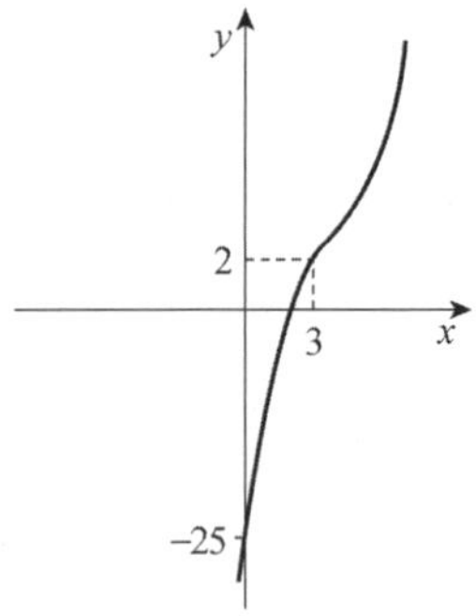

문제 3.2.9 다음 함수의 그래프를 좌표평면에 그리고 $y=-x^3$과 비교하라.

(1) $y=-x^3+2$

(2) $y=-(x+3)^3$

(3) $y=-(x+3)^3+2$

(4) $y=-(x-3)^3+2$

3.3 유리함수와 무리함수

1 유리함수와 그 그래프

함수 $y=f(x)$에서 $f(x)$가 x에 대한 유리식일 때, 이 함수를 **유리함수**(rational function)라고 한다. 다항식은 분모가 1인 유리식이므로 다항함수도 유리함수이다.

특히 $y=f(x)$에서 $f(x)$가 x에 대한 분수식일 때, 이 함수를 **분수함수**(fractional function)라고 한다.

예를 들면, 함수

$$y=x+2,\ y=\frac{1}{x}\ (\text{단},\ x\neq 0),\ y=\frac{x-1}{x+1}\ (\text{단},\ x\neq -1)$$

에서 $y=x+2$는 다항함수이고, $y=\frac{1}{x}$, $y=\frac{x-1}{x+1}$는 분수함수이다.

분수함수의 정의역은 특별히 주어지지 않는 경우 실수 전체의 집합에서 분모를 0으로 하는 원소를 제외한 집합으로 한다.

◆ 보기 (1) 함수 $y=\dfrac{x+1}{x^2+x+2}$의 정의역은 $\{x \mid x$는 실수$\}$

(2) 함수 $y=\dfrac{2x+3}{x-1}$의 정의역은 $\{x \mid x \neq 1$인 실수$\}$

문제 3.3.1 다음 함수의 정의역을 구하여라.

(1) $y=\dfrac{3}{x}$ (2) $y=\dfrac{5}{2x-1}$ (3) $y=\dfrac{x+1}{-2x+3}$

다음은 분수함수 $y=\dfrac{ax+b}{cx+d}$ (단, $ad-bc \neq 0$, $c \neq 0$)의 그래프를 알아보기 위하여 간단한 분수함수에 대하여 조사하여 보자.

■ 함수 $y=\dfrac{k}{x}$의 그래프

일반적으로 k의 여러 가지 값에 따라 함수 $y=\dfrac{k}{x}$ $(k \neq 0)$의 그래프를 그리면 다음 그림과 같은 곡선이 된다.

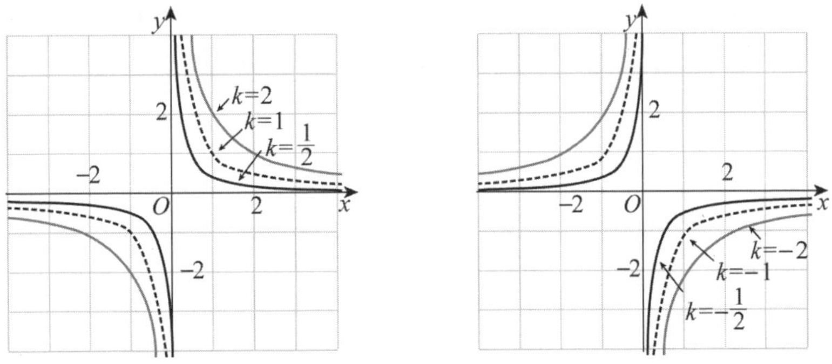

위의 그림에서 그래프 위의 점은 원점에서 멀어질수록 점점 x축, y축에 가까워진다. 이와 같이 곡선이 어떤 직선에 한없이 가까워질 때, 이 직선을 그 곡선의 **점근선**(asymptote)이라고 한다.

따라서 분수함수 $y=\dfrac{k}{x}$ $(k \neq 0)$의 그래프의 점근선은 x축과 y축이다.

일반적으로 분수함수 $y=\dfrac{k}{x}$ $(k \neq 0)$의 그래프에 대하여 다음이 성립한다.

정리 3.3.1

분수함수 $y=\frac{k}{x}$ $(k\neq 0)$의 그래프는

(1) 정의역과 치역은 모두 0을 제외한 실수 전체의 집합이다.

(2) 원점에 대하여 대칭이고, x축과 y축을 점근선으로 갖는다.

(3) $k>0$이면 그래프는 제1, 3사분면에 있고,

$k<0$이면 그래프는 제2, 4사분면에 있다.

예제 3.3.1

분수함수 $y=-\frac{3}{x}$의 그래프를 그리고, 그 점근선의 방정식을 구하여라.

풀이 x의 여러 가지 값에 대응하는 y의 값을 표로 나타내면 다음과 같다.

x	$\cdots$	-3	-2	-1	1	2	3	$\cdots$
y	$\cdots$	1	$\frac{3}{2}$	3	-3	$-\frac{3}{2}$	-1	$\cdots$

이를 만족하는 순서쌍 $(x,\ y)$를 좌표평면 위에 나타내고 이 점들을 매끄러운 곡선으로 연결하면 그 그래프는 아래 그림과 같이 제2, 4사분면에 존재하는 곡선이 된다. 이때 점근선은 x축과 y축이므로 그 방정식은

$$x=0,\ y=0$$

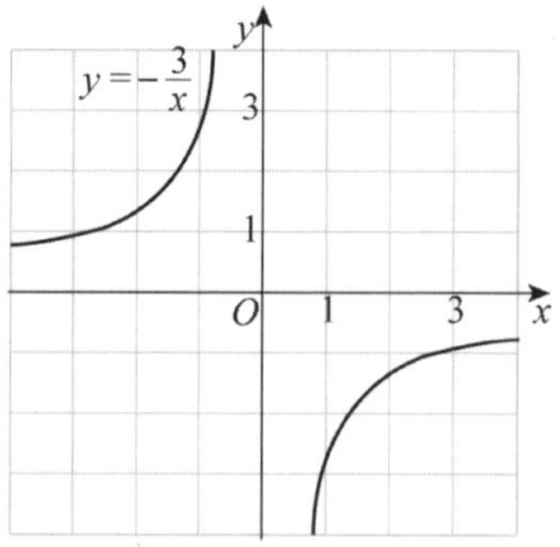

문제 3.3.2 다음 함수의 그래프를 같은 좌표평면에 그리고 비교하여라.

(1) $y=\frac{1}{x}$, $y=\frac{1}{2x}$ (2) $y=\frac{1}{2x}$, $y=-\frac{1}{2x}$

■ 함수 $y=\frac{k}{x-p}+q$의 그래프

분수함수 $y=\frac{1}{x-1}+2$의 그래프는 $y=\frac{1}{x}$의 그래프를 x축의 방향으로 1만큼, y축의 방향으로 2만큼 평행이동시켜 다음과 같이 그릴 수 있다.

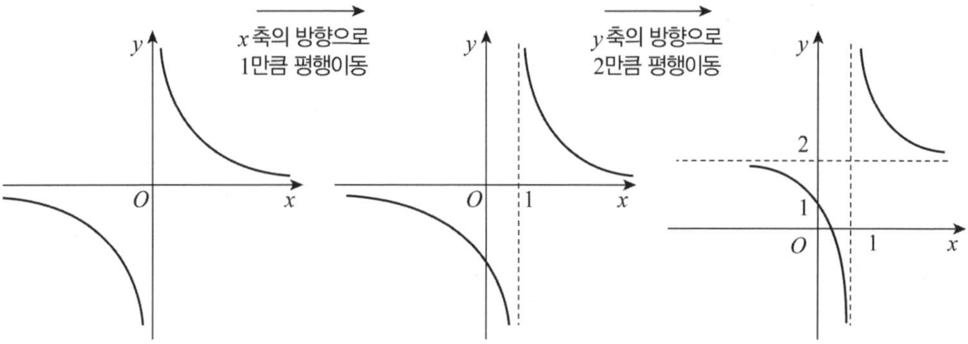

이때 점근선의 방정식은 $x=1$, $y=2$이다.

일반적으로 분수함수 $y=\frac{k}{x-p}+q$ $(k\neq 0)$의 그래프에 대하여 다음이 성립한다.

정리 3.3.2

분수함수 $y=\frac{k}{x-p}+q$ $(k\neq 0)$의 그래프는

(1) $y=\frac{k}{x}$의 그래프를 x축의 방향으로 p만큼, y축의 방향으로 q만큼 평행이동한 것이다.

(2) 정의역은 p를 제외한 실수 전체의 집합, 치역은 q를 제외한 실수 전체의 집합이다.

(3) 점 (p, q)에 대하여 대칭이고, 점근선의 방정식은 $x=p$, $y=q$이다.

문제 3.3.3 다음 함수의 그래프를 그리고, 점근선의 방정식을 구하여라.

(1) $y=\dfrac{2}{x-3}$　　　　(2) $y=-\dfrac{1}{2x}+1$

■ **함수 $y=\dfrac{ax+b}{cx+d}$의 그래프**

일반적으로 함수 $y=\dfrac{ax+b}{cx+d}$ $(ad-bc\neq 0,\ c\neq 0)$의 그래프는 $y=\dfrac{k}{x-p}+q$ $(k\neq 0)$의 꼴로 변형할 수 있다.

예제 3.3.2

함수 $y=\dfrac{2x+1}{x-1}$의 정의역과 치역을 구하고, 그 그래프를 그려라.

풀이 $y=\dfrac{2x+1}{x-1}$을 변형하면

$$\begin{aligned} y&=\frac{2x+1}{x-1}\\ &=\frac{2(x-1)+3}{x-1}\\ &=\frac{3}{x-1}+2 \end{aligned}$$

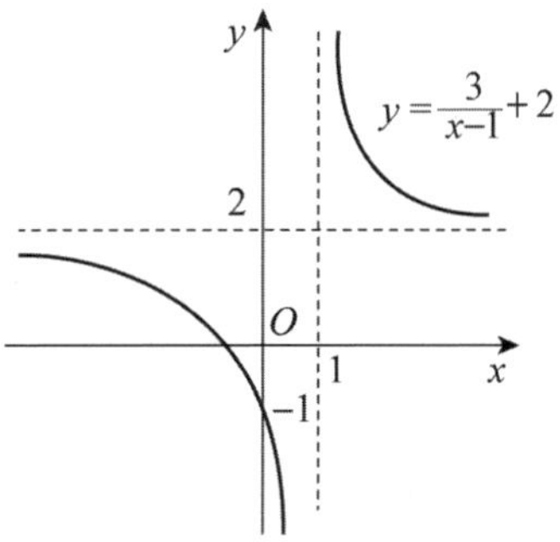

이므로, 곡선 $y=\dfrac{3}{x}$을 x축 방향으로 1, y축 방향으로 2만큼 평행이동한 것이다. 따라서 구하는 그래프는 위의 그림과 같고

정의역은 $\{x \mid x\neq 1\text{인 실수}\}$
치역은 $\{y \mid y\neq 2\text{인 실수}\}$

문제 3.3.4 다음 함수의 그래프를 그리고, 점근선의 방정식을 구하여라.

(1) $y=\dfrac{x-1}{x+2}$　　　　(2) $y=\dfrac{2x-1}{x-2}$

예제 3.3.3

함수 $y=\dfrac{2x+1}{x-1}$ 의 역함수를 구하여라.

풀이 $y=\dfrac{2x+1}{x-1}$ 를 x에 대하여 풀면

$$xy-y=2x+1$$
$$(y-2)x=y+1$$
$$x=\frac{y+1}{y-2}$$

x와 y를 바꾸면, 구하는 역함수는

$$y=\frac{x+1}{x-2}\ (x\neq 2)$$

문제 3.3.5 다음 함수의 역함수를 구하여라.

(1) $y=\dfrac{2x+4}{x+1}$ (2) $y=\dfrac{1}{x-1}+3$

2 무리함수와 그 그래프

함수 $y=f(x)$에서 $f(x)$가 x에 대한 무리식일 때, 이 함수를 무리함수(irrational function)라고 한다.

무리함수 $y=f(x)$에서 $f(x)$가 실숫값을 가져야 하므로 정의역은 근호 안의 값이 0 이상이 되게 하는 x의 집합으로 한다.

◆ 보기 (1) 무리함수 $y=\sqrt{x}$ 의 정의역은 $\{x \mid x\geq 0\}$

(2) 무리함수 $y=\sqrt{x+1}$ 의 정의역은 $x+1\geq 0$에서

$$\{x \mid x\geq -1\}$$

(3) 무리함수 $y=\sqrt{2-3x}$ 의 정의역은 $2-3x\geq 0$에서

$$\left\{x \mid x\leq \frac{2}{3}\right\}$$

문제 3.3.6 다음 무리함수의 정의역을 구하여라.

(1) $y=\sqrt{x-1}$ (2) $y=\sqrt{2x-3}$ (3) $y=\sqrt{-x+2}$

■ 함수 $y=\sqrt{x}$ 의 그래프

함수 $y=\sqrt{x}$ 에 대하여 여러 가지 x의 값에 대응하는 y의 값을 표로 나타내면 다음과 같다.

x	0	$\frac{1}{4}$	1	2	3	4	9	$\cdots$
y	0	$\frac{1}{2}$	1	$\sqrt{2}$	$\sqrt{3}$	2	3	$\cdots$

이를 만족하는 순서쌍 $(x,\ y)$를 좌표평면 위에 나타내고 이 점들을 매끄러운 곡선으로 연결하면 다음 그림과 같이 정의역 $\{x \mid x \geq 0\}$에 대한 무리함수 $y=\sqrt{x}$ 의 그래프가 그려진다.

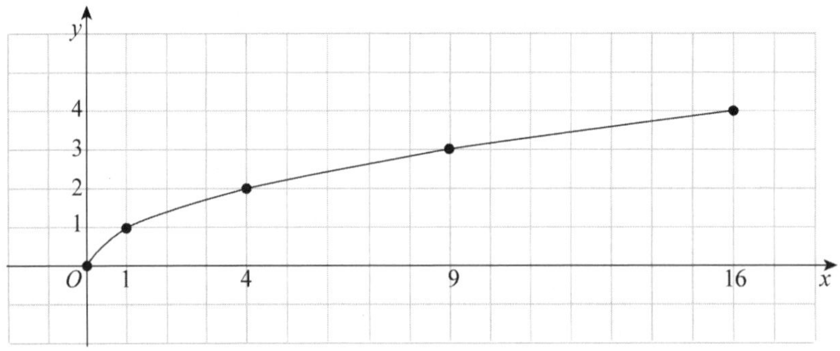

위의 그림에서 알 수 있듯이 함수 $y=\sqrt{x}$ 는 정의역 $\{x \mid x \geq 0\}$에서 치역 $\{y \mid y \geq 0\}$으로의 일대일대응이다. 따라서 이 함수의 역함수가 존재한다.

무리함수 $y=\sqrt{x}$ 의 역함수는 $y=x^2\ (x \geq 0)$이므로 $y=\sqrt{x}$ 의 그래프는 오른쪽 그림과 같이 $y=x^2\ (x \geq 0)$의 그래프와 직선 $y=x$ 에 대하여 대칭이다.

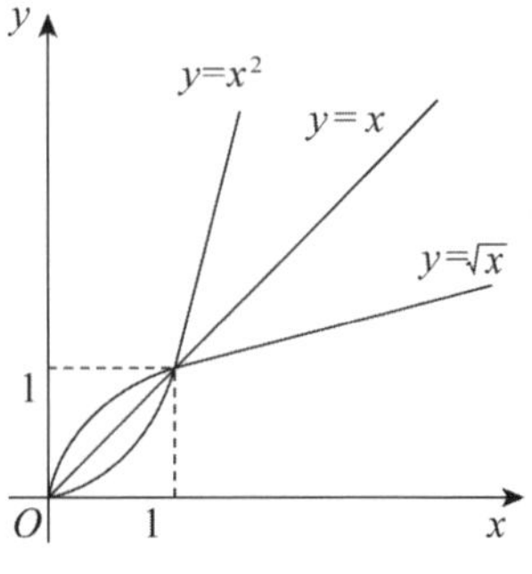

예제 3.3.4

$y=\sqrt{x}$ 의 그래프를 x축에 대하여 대칭이동한 함수의 그래프는 오른쪽 그림과 같고, 그 관계식은 $y=-\sqrt{x}$ 이다.

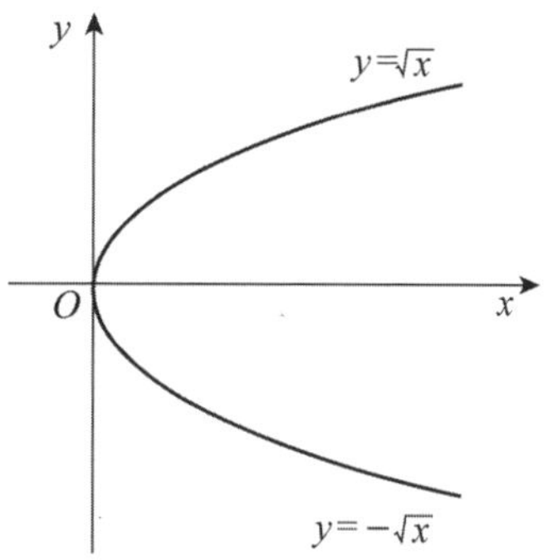

문제 3.3.7 함수 $y=\sqrt{x}$ 를 y축에 대하여 대칭이동한 그래프를 그리고, 그 관계식을 구하여라.

■ **함수 $y=\sqrt{ax}$ 의 그래프**

함수 $y=\sqrt{ax}$ $(a \neq 0)$에서 정의역은

(i) $a>0$이면 $\{x \mid x \geq 0\}$

(ii) $a<0$이면 $\{x \mid x \leq 0\}$

따라서 $y=\sqrt{ax}$ $(a \neq 0)$의 그래프는 a의 부호에 따라 오른쪽 그림과 같이 그려진다.

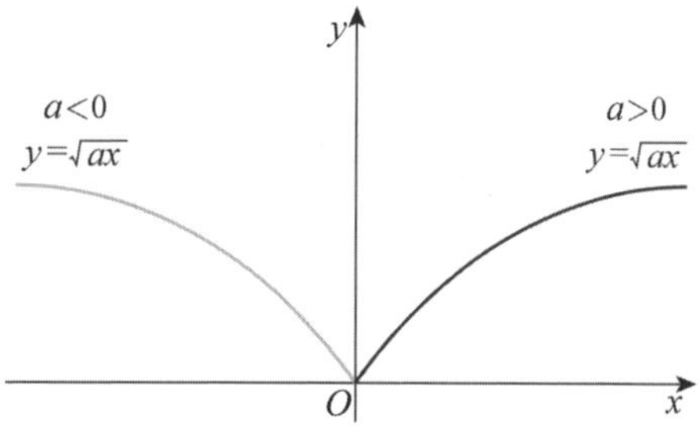

일반적으로 함수 $y=\sqrt{ax}$ 의 그래프에 대하여 다음이 성립한다.

정리 3.3.3

무리함수 $y=\sqrt{ax}$ $(a \neq 0)$의 그래프는

(1) $a>0$일 때, 정의역은 $\{x \mid x \geq 0\}$이고 치역은 $\{y \mid y \geq 0\}$이다.

$a<0$일 때, 정의역은 $\{x \mid x \leq 0\}$이고 치역은 $\{y \mid y \geq 0\}$이다.

(2) $y=\dfrac{x^2}{a}$ $(x \geq 0)$의 그래프와 직선 $y=x$에 대하여 대칭이다.

예제 3.3.5

함수 $y=\sqrt{2x}$ 의 그래프를 그리고, 정의역과 치역을 구하여라.

풀이 $y=\sqrt{2x}$ 의 그래프는 오른쪽 그림과 같다. 이때

정의역은 $\{x \mid x \geq 0\}$

치역은 $\{y \mid y \geq 0\}$

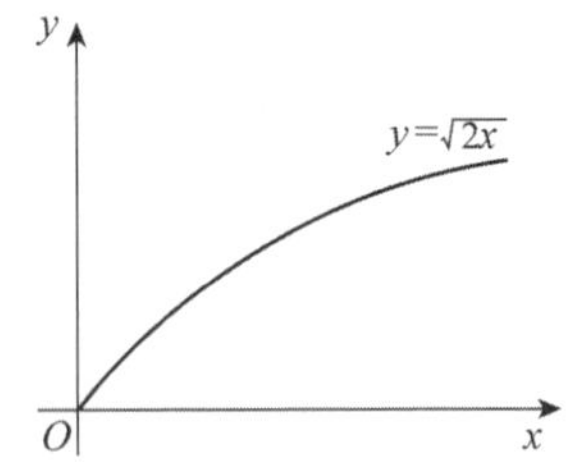

문제 3.3.8 다음 무리함수의 그래프를 그리고, 정의역과 치역을 구하여라.

(1) $y=-\sqrt{2x}$ (2) $y=\sqrt{-2x}$ (3) $y=-\sqrt{-2x}$

■ 함수 $y=\sqrt{a(x-p)}+q$ 의 그래프

무리함수 $y=\sqrt{x-2}+1$ 의 그래프는 $y=\sqrt{x}$ 의 그래프를 x축의 방향으로 2만큼, y축의 방향으로 1만큼 평행이동시켜 다음과 같이 그릴 수 있다.

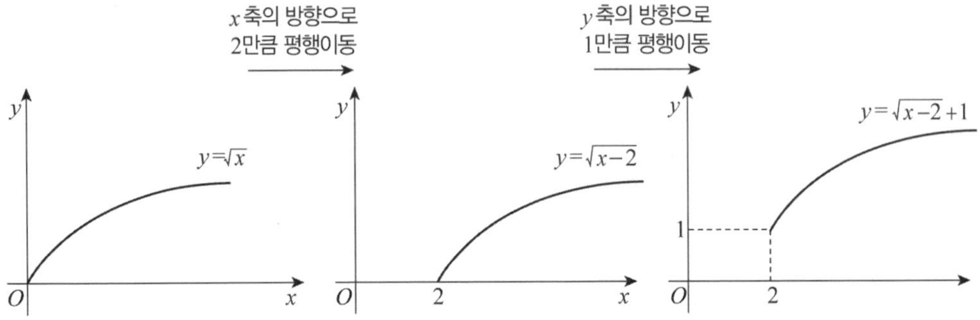

일반적으로 무리함수 $y=\sqrt{a(x-p)}+q \ (a \neq 0)$ 의 그래프에 대하여 다음이 성립한다.

정리 3.3.4

무리함수 $y=\sqrt{a(x-p)}+q \ (a \neq 0)$ 의 그래프는

(1) $y=\sqrt{ax}$ 의 그래프를 x축 방향으로 p만큼, y축 방향으로 q만큼 평행이동시킨 것이다.

(2) $a>0$일 때, 정의역은 $\{x \mid x \geq p\}$이고 치역은 $\{y \mid y \geq q\}$이다.

$a<0$일 때, 정의역은 $\{x \mid x \le p\}$이고 치역은 $\{y \mid y \ge q\}$이다.

■ **함수 $y=\sqrt{ax+b}+c$의 그래프**

무리함수 $y=\sqrt{ax+b}+c \ (a \ne 0)$의 그래프는 $y=\sqrt{a(x-p)}+c \ (a \ne 0)$의 꼴로 변형하여 그릴 수 있다. 즉,

$$y=\sqrt{ax+b}+c=\sqrt{a\left(x+\frac{b}{a}\right)}+c$$

이므로 함수 $y=\sqrt{ax+b}+c$의 그래프는 함수 $y=\sqrt{ax}$의 그래프를 x축 방향으로 $-\frac{b}{a}$만큼, y축 방향으로 c만큼 평행이동한 것이다.

예제 3.3.6

함수 $y=\sqrt{2x-2}+3$의 그래프를 그리고, 정의역과 치역을 구하여라.

 # 풀이 $y=\sqrt{2x-2}+3$를 변형하면

$$y=\sqrt{2x-2}+3=\sqrt{2(x-1)}+3$$

이므로, 함수 $y=\sqrt{2x-2}+3$의 그래프는 오른쪽 그림과 같이 함수 $y=\sqrt{2x}$의 그래프를 x축 방향으로 1만큼, y축 방향으로 3만큼 평행이동한 것이다. 이때

정의역은 $\{x \mid x \ge 1\}$

치역은 $\{y \mid y \ge 3\}$

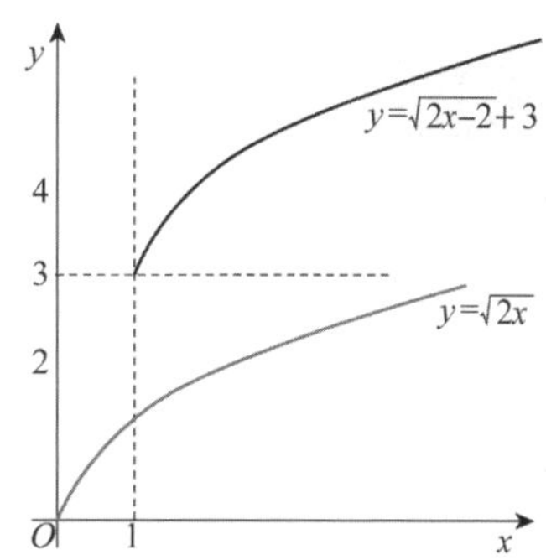

문제 3.3.9 다음 무리함수의 그래프를 그리고, 정의역과 치역을 구하여라.

(1) $y=\sqrt{x-2}-1$

(2) $y=\sqrt{2x+4}-2$

(3) $y=-\sqrt{2x+5}+2$

(4) $y=\sqrt{-2x+4}-3$

예제 3.3.7

함수 $y=\sqrt{x-1}+2$의 역함수를 구하여라.

풀이 $y=\sqrt{x-1}+2\ (x\geq 1,\ y\geq 2)$를 x에 관하여 풀면

$$\sqrt{x-1}=y-2$$

양변을 제곱하면

$$x-1=(y-2)^2$$
$$\therefore\ x=(y-2)^2+1$$

x와 y를 바꾸면, 구하는 역함수는

$$y=(x-2)^2+1\ \ (x\geq 2)$$

문제 3.3.10 다음 함수의 역함수를 구하여라.

(1) $y=\sqrt{4x-2}+1$

(2) $y=-\sqrt{2x+2}-1$

3.4 지수함수와 로그함수

1 지수

어떤 수 a를 n번 곱한 것을 a의 n**제곱**(square)이라고 하며, a^n으로 나타낸다.

$a,\ a^2,\ a^3,\ \cdots$은 통틀어 a의 **거듭제곱**(power)이라 하고, a^n에서 a는 거듭제곱의 **밑**(base), n은 거듭제곱의 **지수**(exponent)이다.

실수 a, b와 자연수 m, n에 대하여 다음과 같은 지수법칙이 성립한다.

(1) $a^m a^n = a^{m+n}$

(2) $(a^m)^n = a^{mn}$

(3) $(ab)^m = a^m b^m$

(4) $\left(\dfrac{b}{a}\right)^m = \dfrac{b^m}{a^m}\ \ (a\neq 0)$

(5) $a^m \div a^n = \begin{cases} a^{m-n} & (m > n) \\ 1 & (m = n) \\ \dfrac{1}{a^{n-m}} & (m < n) \end{cases}$ (단, $a \neq 0$)

문제 3.4.1 다음을 간단히 하여라.

(1) $a^6 \times a^4$

(2) $(a^3)^4 \times (a^4)^2$

(3) $(x^4)^2 \times (x^3y^3)^2$

(4) $(x^3y^2)^4 \div (xy^2)^4$

지수가 0 또는 음의 정수인 경우에 대하여 알아보자.

0이 아닌 실수 a에 대하여 m, n이 자연수이고 $m > n$일 때 지수법칙

$$a^m \div a^n = a^{m-n} \qquad \cdots\cdots ①$$

이 성립한다. ①이 $m = n$일 때에도 성립한다면

$$a^m \div a^n = a^{m-n} = a^0$$

이다. 그런데 $a^m \div a^m = 1$이므로 $a \neq 0$일 때

$$a^0 = 1 \qquad \cdots\cdots ②$$

로 정할 수 있다. 또 $m = 0$일 때 ①이 성립한다면

$$a^0 \div a^n = a^{0-n} = a^{-n}$$

이고, ②에서 $a^0 = 1$이므로 $1 \div a^n = \dfrac{1}{a^n} = a^{-n}$이 된다.

즉, $a \neq 0$일 때

$$a^{-n} = \frac{1}{a^n}$$

로 정할 수 있다. 지수의 범위를 유리수로 확장하여 보자.

$a > 0$이고 m, n이 정수일 때

$$(a^m)^n = a^{mn}$$

이 성립함을 알고 있다. 이 식이 유리수에 대하여도 성립한다면 유리수 $\frac{m}{n}$ (m, n은 정수, $n \geq 2$)에 대하여

$$\left(a^{\frac{m}{n}}\right)^n = a^{\frac{m}{n} \cdot n} = a^m$$

이 된다. 그런데 $a^{\frac{m}{n}} > 0$이므로 $a^{\frac{m}{n}}$은 a^m의 n제곱근이다. 따라서

$$a^{\frac{m}{n}} = \sqrt[n]{a^m}$$

로 정할 수 있다. 특히, $m = 1$일 때

$$a^{\frac{1}{n}} = \sqrt[n]{a}$$

지수의 범위를 실수로 확장하여 보자.

$\sqrt{2} = 1.4142\cdots$이므로 $\sqrt{2}$에 가까운 유리수 1, 1.4, 1.41, 1.414, 1.4142, $\cdots$을 지수로 갖는 수들

$$2^1,\ 2^{1.4},\ 2^{1.41},\ 2^{1.414},\ \cdots$$

은 점차로 일정한 수에 가까워진다는 것이 알려져 있다. 이 수를 $2^{\sqrt{2}}$로 정한다.

이와 같이 $a > 0$일 때, 모든 실수 x에 대하여 a^x를 정할 수 있다.

따라서 실수인 지수에 대하여 다음의 지수법칙이 성립한다.

정리 3.4.1

$a > 0,\ b > 0$일 때, 임의의 실수 x, y에 대하여

(1) $a^x a^y = a^{x+y}$ (2) $(a^x)^y = a^{xy}$

(3) $(ab)^x = a^x b^x$ (4) $a^x \div a^y = a^{x-y}$

예제 3.4.1

다음을 간단히 하여라.

(1) $\sqrt[3]{3}\sqrt[3]{9}$　(2) $(\sqrt[3]{8})^2$　(3) $\dfrac{\sqrt[3]{54}}{\sqrt[3]{2}}$　(4) $\sqrt[3]{\sqrt{64}}$

(5) $3^3 \times 3^{-4}$　(6) $(2^{-3})^2$　(7) $(2 \cdot 3)^{-2}$　(8) $5^{-2} \div 5^{-3}$

#풀이

(1) $\sqrt[3]{3}\sqrt[3]{9} = \sqrt[3]{27} = \sqrt[3]{3^3} = 3$　(2) $(\sqrt[3]{8})^2 = \sqrt[3]{8^2} = \sqrt[3]{4^3} = 4$

(3) $\dfrac{\sqrt[3]{54}}{\sqrt[3]{2}} = \sqrt[3]{\dfrac{54}{2}} = \sqrt[3]{27} = 3$　(4) $\sqrt[3]{\sqrt{64}} = \sqrt[6]{64} = \sqrt[6]{2^6} = 2$

(5) $3^3 \times 3^{-4} = 3^{3-4} = 3^{-1} = \dfrac{1}{3}$　(6) $(2^{-3})^2 = 2^{-6} = \dfrac{1}{2^6} = \dfrac{1}{64}$

(7) $(2 \cdot 3)^{-2} = 2^{-2} \cdot 3^{-2} = \dfrac{1}{2^2} \cdot \dfrac{1}{3^2} = \dfrac{1}{36}$

(8) $5^{-2} \div 5^{-3} = 5^{-2+3} = 5^1 = 5$

문제 3.4.2 다음을 간단히 하여라.

(1) $(\sqrt[8]{16})^2$　(2) $\sqrt[5]{16} \times \sqrt[5]{2}$　(3) $\sqrt[3]{\sqrt{729}}$　(4) $\dfrac{\sqrt[3]{16}}{\sqrt[3]{2}}$

(5) $\sqrt[3]{-64}$　(6) $\sqrt[5]{-32}$　(7) $\sqrt[3]{125}$　(8) $\sqrt[4]{256}$

문제 3.4.3 다음 값을 구하여라.

(1) 2^{-4}　(2) $(-6)^0$　(3) $\left(\dfrac{3}{2}\right)^{-4}$　(4) $\left(-\dfrac{2}{3}\right)^{-2}$

(5) $8^{\frac{2}{3}}$　(6) $8^{\frac{4}{3}}$　(7) 2^{-3}　(8) $81^{-\frac{1}{2}}$

문제 3.4.4 다음을 간단히 하여라.

(1) $2^2 \times 2^{-3}$　(2) $3^{-3} \div 3^{-5}$

(3) $(2^{-1})^2(2^2)^{-2}$　(4) $(4^2 + 4^{-2})(4^2 - 4^{-2})$

예제 3.4.2

다음을 간단히 하여라.

(1) $\sqrt[4]{a^3} \div \sqrt[3]{a^2}$　　(2) $\sqrt[5]{ab^7} \div \sqrt[5]{ab^2}$

(3) $\sqrt{a\sqrt{a\sqrt{a}}}$　　(4) $\sqrt{\dfrac{a}{\sqrt[3]{a}} \times a}$

풀이

(1) $\sqrt[4]{a^3} \div \sqrt[3]{a^2} = a^{\frac{3}{4}} \div a^{\frac{2}{3}} = a^{\frac{3}{4}-\frac{2}{3}} = a^{\frac{1}{12}} = \sqrt[12]{a}$

(2) $\sqrt[5]{ab^7} \div \sqrt[5]{ab^2} = (ab^7)^{\frac{1}{5}} \div (ab^2)^{\frac{1}{5}} = a^{\frac{1}{5}}b^{\frac{7}{5}} \div a^{\frac{1}{5}}b^{\frac{2}{5}}$

$= a^{\frac{1}{5}-\frac{1}{5}}b^{\frac{7}{5}-\frac{2}{5}} = a^0 b = b$

(3) $\sqrt{a\sqrt{a\sqrt{a}}} = a^{\frac{1}{2}+\left(\frac{1}{2}\right)^2+\left(\frac{1}{2}\right)^3} = a^{\frac{7}{8}} = \sqrt[8]{a^7}$

(4) $\sqrt{\dfrac{a}{\sqrt[3]{a}} \times a} = \left(\dfrac{a}{a^{\frac{1}{3}}} \times a\right)^{\frac{1}{2}} = \left(a^{1-\frac{1}{3}+1}\right)^{\frac{1}{2}} = a^{\frac{5}{3}\times\frac{1}{2}} = a^{\frac{5}{6}}$

문제 3.4.5 다음 식을 간단히 하여라.

(1) $\sqrt{a} \times \sqrt[3]{a} \times \sqrt[6]{a}$　　(2) $\left(a^{\frac{3}{4}} \times a^{\frac{1}{2}}\right)^{\frac{2}{5}}$

(3) $\sqrt[6]{a^2b^3} \times \sqrt{ab} \div \sqrt[3]{a^2b^3}$　　(4) $\sqrt{\dfrac{\sqrt[3]{a}}{\sqrt[4]{a}}} \times \sqrt[4]{\dfrac{\sqrt{a}}{\sqrt[3]{a}}}$

2 지수함수

$a > 0$일 때, 임의의 실수 x에 대하여 양수 a^x은 하나로 정해진다.

따라서 x에 a^x이 대응하는 함수

$$y = a^x \quad (a > 0,\ a \neq 1)$$

을 생각할 수 있다.

이 함수를 a를 밑으로 하는 x의 **지수함수**(exponential function)라고 한다.

이때 $a = 1$이면 모든 실수 x에 대하여 $a^x = 1$이므로, $y = 1$인 상수함수가 된다. 따라서 a는 1이 아닌 양수인 경우만 생각한다.

정리 3.4.2

$a > 0$, $a \neq 1$일 때, 지수함수 $y = a^x$에 대하여

(1) 정의역은 실수 전체의 집합이고, 치역은 양의 실수 전체의 집합이다.

(2) $a > 1$일 때, x의 값이 증가하면 y의 값도 증가한다.

$$p < q \text{이면 } a^p < a^q$$

$0 < a < 1$일 때, x의 값이 증가하면 y의 값은 감소한다.

$$p < q \text{이면 } a^p > a^q$$

(3) 그래프는 두 점 $(0,\ 1)$, $(1,\ a)$를 지나고 x축을 점근선으로 갖는다.

지수함수 $y = 2^x$의 그래프를 그려 보자.

실수 x의 값에 각각 대응하는 2^x의 값을 표로 나타내면 다음과 같다.

x	$\cdots$	-3	-2	-1	0	1	2	3	$\cdots$
y	$\cdots$	$\frac{1}{8}$	$\frac{1}{4}$	$\frac{1}{2}$	1	2	4	8	$\cdots$

대응표에 따라 $y = 2^x$의 그래프를 그리면 다음 그림과 같은 곡선이 된다.

그래프에서 알 수 있듯이 함수 $y = 2^x$은 x의 값이 증가하면 y의 값도 증가한다.

또 x의 값이 음수이면서 한없이 작아지면 그래프는 x축에 한없이 가까워지므로 x축이 점근선임을 알 수 있다.

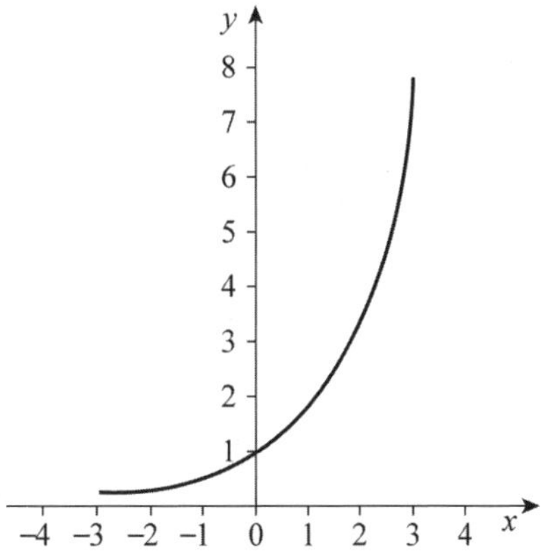

예제 3.4.3

$y=\left(\frac{1}{2}\right)^x$의 그래프는 $y=2^x$의 그래프와 y축에 관하여 대칭임을 보이고 그 그래프를 그려라.

#풀이 $y=\left(\frac{1}{2}\right)^x=(2^{-1})^x=2^{-x}$

따라서 $y=\left(\frac{1}{2}\right)^x$의 그래프는 $y=2^x$의 그래프와 y축에 관하여 대칭이고 그 그래프는 오른쪽 그림과 같다.

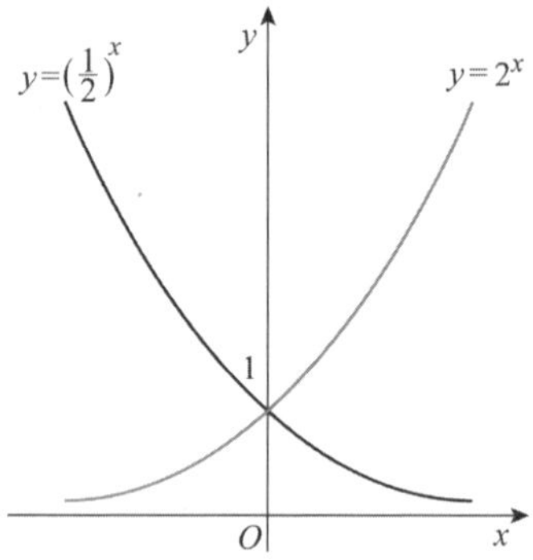

문제 3.4.6 다음 지수함수의 그래프를 그려라.

(1) $y=3^x$

(2) $y=\left(\frac{1}{3}\right)^x$

(3) $y=5^x$

(4) $y=\left(\frac{1}{5}\right)^x$

지수함수 $y=a^x$의 그래프는 다음과 같다.

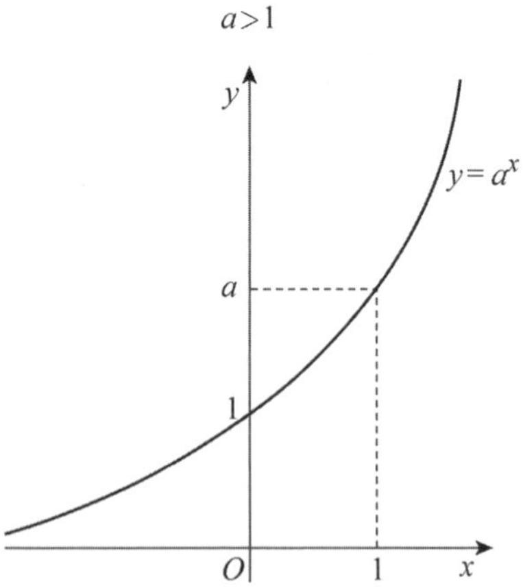

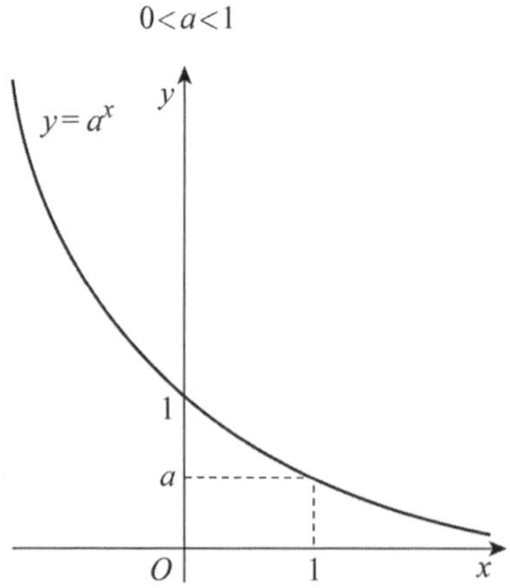

지수함수의 그래프로부터 다음을 알 수 있다.

정리 3.4.3

$a>0,\ a\neq 1$일 때, 지수함수 $y=a^{x-p}+q$의 그래프는

$y=a^x$의 그래프를 x축의 방향으로 p만큼
y축의 방향으로 q만큼

평행이동한 것이다. 점근선은 $y=q$이다.

예제 3.4.4

지수함수 $y=2^{x-2}+1$의 그래프를 그려라.

풀이 함수 $y=2^{x-2}+1$의 그래프는 함수 $y=2^x$의 그래프를 x축 방향으로 2만큼, y축 방향으로 1만큼 평행이동한 것이다. 따라서 구하는 그래프는 직선 $y=1$을 점근선으로 하며 그 그래프는 오른쪽 그림과 같다.

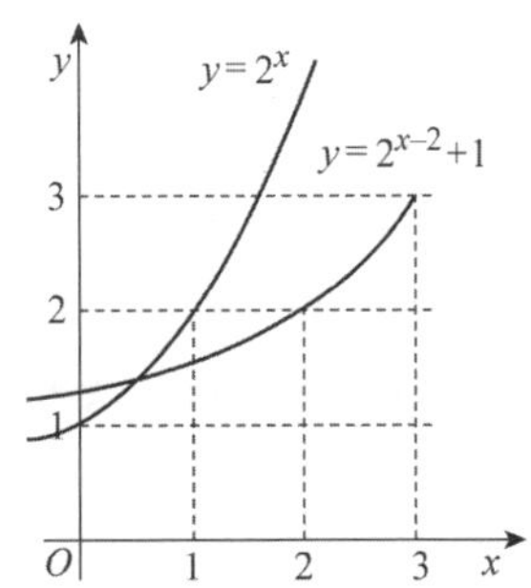

문제 3.4.7 다음 함수의 그래프를 그려라.

(1) $y=3^{x-1}$ (2) $y=3^x-1$

(3) $y=-2^x+1$ (4) $y=-2^{x-1}+1$

지수에 미지수가 들어 있는 방정식을 **지수방정식**(exponential equation)이라 한다. 지수방정식을 풀 때에는 밑을 같게 한 다음, 지수를 비교하여 미지수의 값을 구한다.

3 지수방정식과 지수부등식

예제 3.4.5

다음 지수방정식을 풀어라.

(1) $2^x=0.5$ (2) $9^x=3\sqrt{3}$

#풀이 (1) $0.5 = \frac{1}{2} = 2^{-1}$이므로

$$\therefore\ x = -1$$

(2) 9^x와 $3\sqrt{3}$을 각각 3의 거듭제곱으로 나타내면

$9^x = (3^2)^x = 3^{2x},\ 3\sqrt{3} = 3^1 \cdot 3^{\frac{1}{2}} = 3^{\frac{3}{2}}$이므로

$$3^{2x} = 3^{\frac{3}{2}},\ 2x = \frac{3}{2}$$

$$\therefore\ x = \frac{3}{4}$$

문제 3.4.8 다음 지수방정식을 풀어라.

(1) $4^x = 16$

(2) $4^x = 2^{3x}$

(3) $3^{2x} = \frac{1}{3}$

(4) $9^x = 3^{3x-1}$

예제 3.4.6

지수방정식 $2^{2x} + 2^x - 2 = 0$을 풀어라.

#풀이 $2^{2x} + 2^x - 2 = 0$에서 $(2^x)^2 + 2^x - 2 = 0$이므로

$2^x = X$라 두면 주어진 방정식은

$$X^2 + X - 2 = 0$$

$$(X+2)(X-1) = 0$$

$$\therefore\ X = -2 \text{ 또는 } X = 1$$

그런데 $X = 2^x > 0$이므로

$$X = 2^x = 1$$

$$\therefore\ x = 0$$

문제 3.4.9 다음 지수방정식을 풀어라.

(1) $9^x - 3^x = 0$

(2) $4^x - 2^{x+2} + 4 = 0$

(3) $5^{x+1} = 4 + 5^x$

(4) $7^{2x} - 5 \cdot 7^x - 14 = 0$

지수에 미지수가 들어 있는 부등식을 **지수부등식**(exponential inequality)이라 한다.

지수부등식을 풀 때에는 지수방정식과 마찬가지로 밑을 같게 한 다음, 지수의 크기를 비교한다. 이때 밑이 1보다 작을 경우와 클 경우에 따라 부등호의 방향이 달라진다.

(i) $0 < a < 1$일 때,

$$a^{f(x)} < a^{g(x)} \iff f(x) > g(x)$$

(ii) $a > 1$일 때,

$$a^{f(x)} < a^{g(x)} \iff f(x) < g(x)$$

예제 3.4.7

다음 지수부등식을 풀어라.

(1) $3^{x-1} > \sqrt[3]{81}$　　(2) $\left(\frac{1}{4}\right)^x < 16$

#풀이 (1) $\sqrt[3]{81} = \sqrt[3]{3^4} = 3^{\frac{4}{3}}$ 이므로

$$3^{x-1} > \sqrt[3]{81} = 3^{\frac{4}{3}}$$

밑이 1보다 크므로

$$x - 1 > \frac{4}{3}$$

$$\therefore\ x > \frac{7}{3}$$

(2) $16 = 4^2 = \left(\frac{1}{4}\right)^{-2}$ 이므로

$$\left(\frac{1}{4}\right)^x < 16 = \left(\frac{1}{4}\right)^{-2}$$

밑이 1보다 작으므로

$$x > -2$$

문제 3.4.10 다음 지수부등식을 풀어라.

(1) $9^x > 3$　　(2) $3^x < 3^{2x+2}$

(3) $\left(\frac{1}{2}\right)^x < 32$　　(4) $\left(\frac{1}{3}\right)^{2x} \geq \left(\frac{1}{9}\right)^{3x-1}$

예제 3.4.8

지수부등식 $2^{2x}-3\cdot 2^{x+2}+32<0$을 풀어라.

#풀이 $2^{2x}-3\cdot 2^{x+2}+32<0$에서 $(2^x)^2-3\cdot 2^x\cdot 2^2+32<0$이므로 $2^x=X$라 두면 주어진 방정식은

$$X^2-12X+32<0$$
$$(X-4)(X-8)<0$$
$$\therefore\ 4<X<8$$

$X=2^x$이므로

$$4<2^x<8,\ \text{즉}\ 2^2<2^x<2^3$$
$$\therefore\ 2<x<3$$

문제 3.4.11 다음 지수부등식을 풀어라.

(1) $4^x-2^{x+1}-8<0$

(2) $3^{2x}+3^{x-2}>3^{x+2}+1$

4 로그

$a>0,\ a\neq 1$일 때, 양수 N에 대하여 $a^x=N$을 만족하는 실수 x를

$$\log_a N\ \ (N>0,\ a>0,\ a\neq 1)$$

로 나타낸다. 그러므로 다음이 성립한다.

$$a^x=N\ \Leftrightarrow\ x=\log_a N$$

이때 $\log_a N$을 a를 **밑(base)**으로 하는 N의 **로그(logarithm)**라 하고, N을 $\log_a N$의 **진수(antilogarithm)**라고 한다.

◆ 보기 (1) $2^6=64\ \Leftrightarrow\ \log_2 64=6$

(2) $10^{-2}=0.01\ \Leftrightarrow\ \log_{10}0.01=-2$

(3) $100^{\frac{1}{2}}=10\ \Leftrightarrow\ \log_{100}10=\frac{1}{2}$

문제 3.4.12 다음 등식을 로그를 사용하여 나타내어라.

(1) $2^2 = 4$ (2) $5^{-1} = \frac{1}{5}$

(3) $\left(\frac{1}{2}\right)^3 = \frac{1}{8}$ (4) $\left(\frac{1}{3}\right)^{-3} = 27$

문제 3.4.13 다음 등식을 지수를 사용하여 나타내어라.

(1) $\log_3 3 = 1$ (2) $\log_4 \frac{1}{4} = -1$

(3) $\log_5 125 = 3$ (4) $\log_{\frac{1}{2}} 4 = -2$

예제 3.4.9

다음 값을 구하여라.

(1) $\log_4 16$ (2) $\log_3 \frac{1}{9}$

#풀이 (1) $\log_4 16 = x$로 두면, 로그의 정의에 의하여

$$4^x = 16 = 4^2$$
$$\therefore\ x = 2$$

따라서 $\log_4 16 = 2$이다.

(2) $\log_3 \frac{1}{9} = y$로 두면, 로그의 정의에 의하여

$$3^y = \frac{1}{9} = 3^{-2}$$
$$\therefore\ y = -2$$

따라서 $\log_3 \frac{1}{9} = -2$ 이다.

문제 3.4.14 다음 값을 구하여라.

(1) $\log_2 16$ (2) $\log_{10} 1$

(3) $\log_{\frac{1}{3}} 27$ (4) $\log_2 \sqrt{8}$

예제 3.4.10

$\log_3 x = -3$ 인 x의 값을 구하여라.

#풀이 로그를 지수를 사용하여 나타내면

$$\log_3 x = -3 \quad \Leftrightarrow \quad 3^{-3} = x$$

이므로 $x = 3^{-3} = \dfrac{1}{27}$ 이다.

문제 3.4.15 다음 등식을 만족하는 x의 값을 구하여라.

(1) $\log_2 x = 3$

(2) $\log_{10} x = -2$

(3) $\log_x 9 = 2$

(4) $\log_x \dfrac{1}{4} = 2$

지수법칙을 이용하여 로그의 성질을 알아보자.

$a > 0$이고 $a \neq 1$일 때,

$$a^0 = 1, \ a^1 = a$$

이므로, 이것을 로그로 나타내면

$$\log_a 1 = 0, \ \log_a a = 1$$

로그의 성질은 다음과 같다.

정리 3.4.4

$a > 0$, $a \neq 1$이고, $M > 0$, $N > 0$일 때

(1) $\log_a 1 = 0$, $\log_a a = 1$

(2) $\log_a MN = \log_a M + \log_a N$

(3) $\log_a \dfrac{M}{N} = \log_a M - \log_a N$

(4) $\log_a M^k = k \log_a M$ (k는 실수)

예제 3.4.11

다음을 간단히 하여라.

(1)$\log_2 1$ (2)$\log_3 3$ (3)$\log_2 6$ (4)$\log_{10} 5$ (5)$\log_3 4$

#풀이 (1) $\log_2 1 = 0$ (2)$\log_3 3 = 1$

(3) $\log_2 6 = \log_2 (2 \times 3) = \log_2 2 + \log_2 3 = 1 + \log_2 3$

(4) $\log_{10} 5 = \log_{10} \frac{10}{2} = \log_{10} 10 - \log_{10} 2 = 1 - \log_{10} 2$

(5) $\log_3 4 = \log_3 2^2 = 2\log_3 2$

문제 3.4.16 다음 값을 구하여라.

(1) $\log_5 \frac{1}{125}$ (2) $\log_3 \sqrt{27}$ (3) $\log_{10} \frac{1}{\sqrt{10}}$

예제 3.4.12

$\log_2 \frac{4}{3} + 2\log_2 \sqrt{12}$를 간단히 하여라.

#풀이

$$\log_2 \frac{4}{3} + 2\log_2 \sqrt{12} = \log_2 \frac{4}{3} + \log_2 (\sqrt{12})^2$$

$$= \log_2 \left(\frac{4}{3} \cdot 12\right) = \log_2 16 = 4$$

문제 3.4.17 다음을 간단히 하여라.

(1) $\log_4 2 - \log_4 \sqrt[3]{4}$ (2) $\log_5 10 + \log_5 \frac{\sqrt{5}}{2}$

(3) $2\log_3 3 - \log_3 4 + 2\log_3 \sqrt{12}$ (4) $\frac{1}{2}\log_3 \frac{9}{7} + \log_3 \sqrt{7}$

a를 밑으로 하는 $\log_a N$을 1이 아닌 양수 b를 밑으로 하는 로그로 바꾸어 나타낼 수 있다. $\log_a N = k$라 하면, 로그의 정의에서 $a^k = N$이다. 이때 b를 밑으로 하는 로그를 취하면

$$\log_b a^k = \log_b N$$

$$\therefore\ k\log_b a = \log_b N$$

그러므로 $k = \dfrac{\log_b N}{\log_b a} = \log_a N$이다.

따라서 로그의 밑의 변환 공식은 다음과 같다.

정리 3.4.5

$a > 0,\ a \neq 1$이고, $b > 0,\ b \neq 1,\ N > 0$일 때

$$\log_a N = \frac{\log_b N}{\log_b a}$$

◆ 보기 (1) $\log_2 3 = \dfrac{\log_{10}3}{\log_{10}2} = \dfrac{\log_3 3}{\log_3 2}$

(2) $\log_{10}5 = \dfrac{\log_5 5}{\log_5 10} = \dfrac{1}{\log_5 10}$

예제 3.4.13

$\log_2 3 = a,\ \log_2 5 = b$일 때, $\log_{12}20$을 $a,\ b$로 나타내어라.

풀이 $\log_{12}20 = \dfrac{\log_2 20}{\log_2 12} = \dfrac{\log_2 5 + \log_2 4}{\log_2 3 + \log_2 4} = \dfrac{b+2}{a+2}$

문제 3.4.18 $\log_2 3 = a,\ \log_2 5 = b,\ \log_2 7 = c$일 때, $\log_4 105$를 $a,\ b,\ c$를 써서 나타내어라.

5 로그함수

지수함수

$$y = a^x \quad (a > 0,\ a \neq 1) \qquad \cdots\cdots ③$$

에 대하여, 로그의 정의로부터

$$x = \log_a y \quad (a > 0,\ a \neq 1,\ y > 0) \qquad \cdots\cdots ④$$

이므로 ④에서 x와 y를 바꾼 함수

$$y = \log_a x \quad (a > 0,\ a \neq 1,\ x > 0)$$

는 ③의 역함수를 나타낸다. 이 함수를 a를 밑으로 하는 x의 **로그함수**(logarithmic function)라고 한다.

로그함수의 정의역은 양의 실수 전체의 집합이고, 치역은 실수 전체의 집합이다.

로그함수 $y = \log_a x$와 지수함수 $y = a^x$는 서로 역함수이므로, 두 함수의 그래프는 직선 $y = x$에 관하여 대칭이다. 따라서 지수함수 $y = a^x$의 그래프를 직선 $y = x$에 관하여 대칭이동하면 $y = \log_a x$의 그래프를 얻는다.

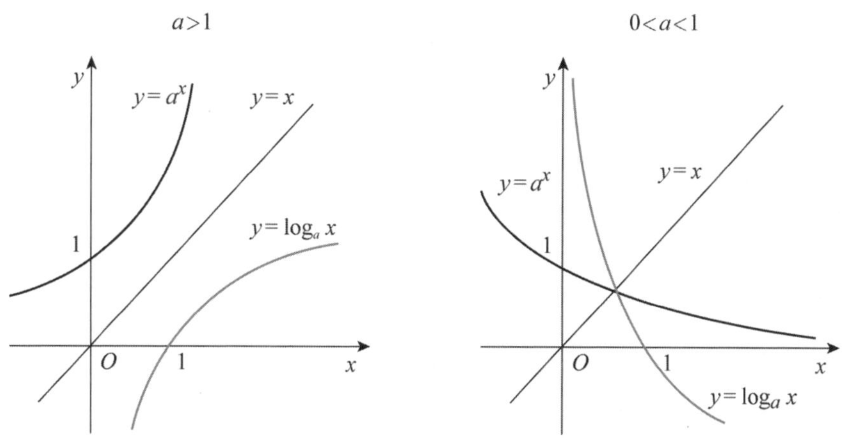

$a > 0,\ a \neq 1$일 때

$$\log_{\frac{1}{a}} x = -\log_a x$$

이므로 $y = \log_{\frac{1}{a}} x$의 그래프는 $y = \log_a x$의 그래프와 x축에 관하여 대칭이다.

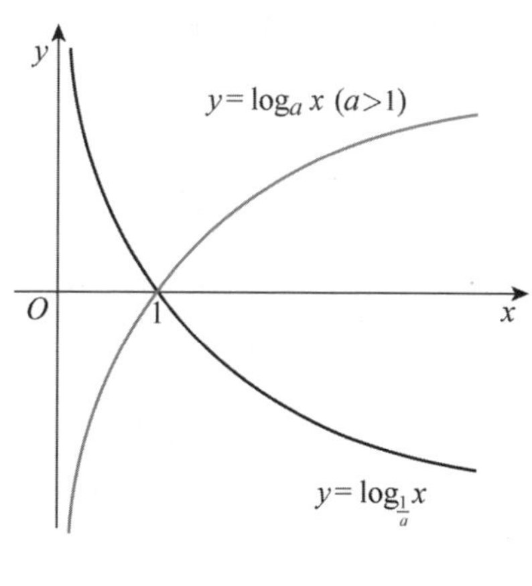

로그함수의 그래프로부터 다음을 알 수 있다.

정리 3.4.6

로그함수 $y=\log_a x \ (a>0,\ a\neq 1)$에 대하여

(1) 정의역은 양의 실수 전체의 집합이고, 치역은 실수 전체의 집합이다.

(2) $a>1$일 때, x의 값이 증가하면 y의 값도 증가한다.

$0<a<1$일 때, x의 값이 증가하면 y의 값은 감소한다.

(3) 그래프는 x축과 점 $(1,\ 0)$에서 만나고 y축을 점근선으로 갖는다.

예제 3.4.14

다음 함수의 그래프를 그려라.

(1) $y=\log_2 x$ (2) $y=\log_{\frac{1}{2}} x$

#풀이 그래프 그리기

문제 3.4.19 $y=\log_2 x$의 그래프를 이용하여 다음 함수의 그래프를 그려라.

(1) $y=\log_2(-x)$ (2) $y=-\log_2(-x)$

정리 3.4.7

로그함수 $y=\log_a(x-p)+q \ (a>0,\ a\neq 1)$의 그래프는

$y=\log_a x$의 그래프를 x축의 방향으로 p만큼
y축의 방향으로 q만큼

평행이동한 것이다. 점근선은 $x=p$이다.

예제 3.4.15

$y=\log_3 x$의 그래프를 이용하여 다음 함수의 그래프를 그려라.

(1) $y=\log_3(x-1)$ (2) $y=\log_{\frac{1}{3}} x+1$

#풀이 (1) $y=\log_3(x-1)$의 그래프는 $y=\log_3 x$의 그래프를 x축 방향으로 1만큼 평행 이동한 것이다. 따라서 구하는 그래프는 오른쪽 그림과 같으며, 점근선은 $x=1$이다.

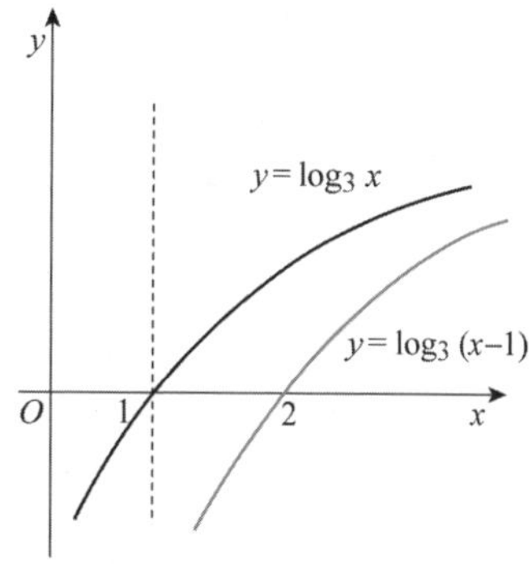

(2) $y=\log_{\frac{1}{3}}x+1$의 그래프는 $y=\log_3 x$의 그래프를 x축에 관하여 대칭이동한 후, 이것을 다시 y축 방향으로 1만큼 평행이동한 것이다. 따라서 구하는 그래프는 오른쪽 그림과 같으며, 점근선은 y축이다.

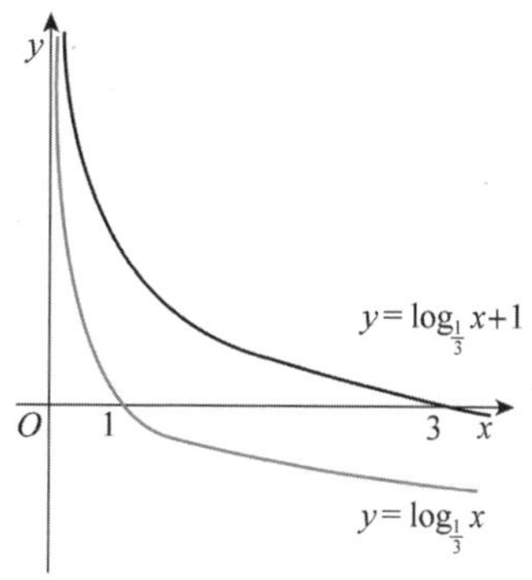

문제 3.4.20 다음 함수의 그래프를 그려라.

(1) $y=\log_2(x-2)$ (2) $y=\log_{\frac{1}{2}}(x-1)+2$

6 로그방정식과 로그부등식

로그의 진수 또는 밑에 미지수가 들어 있는 방정식을 **로그방정식**(logarithm equation)이라고 한다. 로그방정식은 로그의 진수가 양수임에 주의하여야 하며, 밑이 다른 것은 밑을 같게 하고, 다음을 이용하여 푼다.

$a>0$, $a\neq 1$일 때,

$$\log_a A=\log_a B \quad \Leftrightarrow \quad A=B \qquad (A>0,\ B>0)$$
$$\log_a x=b \quad \Leftrightarrow \quad x=a^b$$

예제 3.4.16

다음 방정식을 풀어라.

(1) $\log_3(x-1)=2$ (2) $\log_{x-2}4=2$

풀이 (1) 로그의 정의에서 $x-1=3^2$이므로 $x=10$이다. 이것은 진수의 조건 $x>1$을 만족하므로 구하는 해는

$$x=10$$

(2) 로그의 정의에서 $4=(x-2)^2$이므로 $x=4$ 또는 $x=0$이다. 그런데 밑의 조건에서 $x>2$, $x\neq 3$이어야 하므로 구하는 해는

$$x=4$$

문제 3.4.21 다음 방정식을 풀어라.

(1) $\log_4(x-2)=2$ (2) $\log_{x+3}2=1$

(3) $\log_3 2x=-1$ (4) $\log_5(x^2+2)=\log_5 6$

예제 3.4.17

다음 로그방정식을 풀어라.

(1) $\log_2(x-2)+\log_2(x+2)=5$ (2) $(\log_{10}x)^2-2\log_{10}x=0$

풀이 (1) 진수는 양수이므로

$$x-2>0,\ x+2>0$$
$$\therefore\ x>2$$

로그의 성질로부터

$$\log_2(x-2)(x+2)=5$$
$$\log_2(x^2-4)=\log_2 32$$
$$\therefore\ x^2-4=32$$
$$\therefore\ x=6,\ -6$$

$x>2$이므로 $x=6$

(2) 진수 조건에 의해 $x > 0$를 만족한다. $\log_{10}x = X$로 두면

$$X^2 - 2X = 0,\ X(X-2) = 0$$
$$\therefore\ X = 0 \text{ 또는 } X = 2$$

따라서 $\log_{10}x = 0$ 또는 $\log_{10}x = 2$

$$\therefore\ x = 1,\ 100$$

문제 3.4.22 다음 로그방정식을 풀어라.

(1) $\log_2(x-1) = \log_4(x+1)$

(2) $(\log_2 x)^2 + 3\log_2 x = 0$

(3) $(\log_{10}x)^2 - 4\log_{10}x + 3 = 0$

(4) $2(\log_{10}x)^2 = 7\log_{10}x - 3$

로그의 진수 또는 밑에 미지수가 들어 있는 부등식을 **로그부등식**(logarithm inequality)이라고 한다.

로그부등식을 풀 때 로그함수의 다음 성질을 이용한다.

(i) $a > 1$이면 $\quad x_1 < x_2 \quad \Leftrightarrow \quad \log_a x_1 < \log_a x_2$

(ii) $0 < a < 1$이면 $\quad x_1 < x_2 \quad \Leftrightarrow \quad \log_a x_1 > \log_a x_2$

예제 3.4.18

다음 로그부등식을 풀어라.

$$\log_{10}x + \log_{10}(x-3) \geq \log_{10}4$$

#풀이 진수는 양수이므로

$$x > 0,\ x - 3 > 0$$
$$\therefore\ x > 3 \qquad \cdots\cdots ①$$

주어진 식을 변형하면

$$\log_{10}x(x-3) \geq \log_{10}4$$

밑이 1보다 크므로

$$x(x-3) \geq 4$$

$$x^2-3x-4 \geq 0,\ (x+1)(x-4) \geq 0$$

$$\therefore\ x \leq -1,\ x \geq 4 \qquad \cdots\cdots ②$$

①, ②에서 $x \geq 4$

문제 3.4.23 다음 로그부등식을 풀어라.

(1) $\log_2(4x-9) > 2$

(2) $\log_2(x^2+x+2) < 2$

(3) $2\log_{\frac{1}{2}} x < \log_{\frac{1}{2}}(x+2)$

(4) $(\log_{10}x)^2 - \log_{10}x < 0$

CHAPTER 3 연습문제

01. 두 함수 $f(x)=x^2-2x+1$, $g(x)$에 대하여 $f(2x-5)=g(x+1)$이 성립할 때, $g(2)$의 값을 구하여라.

02. 집합 $X=\{x \mid -2 \le x \le 2\}$에 대하여 X에서 X로의 일차함수 $f(x)=ax+b$ $(a<0)$의 정의역과 치역이 일치할 때, 상수 a, b의 값을 구하여라.

03. 두 집합 $X=\{x \mid -1 \le x \le 3\}$, $Y=\{y \mid 2 \le y \le 6\}$에 대하여 X에서 X로의 함수 $f(x)=ax+b$ $(a<0)$가 일대일대응일 때, $f(1)$의 값을 구하여라.

04. 두 함수 $f(x)=3x+2$, $g(x)=-6x+5$에 대하여 다음을 만족하는 일차함수 $h(x)$를 구하여라.

(1) $f \circ h = g$ (2) $h \circ f = g$

05. 함수 $f(x)=-3x+1$, $g(x)=2x-7$일 때, 다음 함수를 구하여라.

(1) $f \circ f$ (2) $f \circ g$ (3) $g \circ g$

06. 함수 $f(x)=ax+b$ $(a \ne 0)$의 역함수를 $g(x)$라 할 때, 다음 물음에 답하여라.

(1) $f(2)=-3$, $g(1)=5$일 때, 상수 a, b의 값을 구하여라.

(2) $f(0)=1$, $g(2)=-3$일 때, 상수 a, b의 값을 구하여라.

07. 다음 함수의 역함수를 구하여라.

(1) $y=3x-1$ (2) $y=x^2-3$ $(x \ge 0)$ (3) $y=-\dfrac{1}{x}+1$

08. 두 함수 $f(x)=-2x$, $g(x)=3x+7$에 대하여 다음을 구하여라.

(1) $(g \circ f)^{-1}$ (2) $f^{-1} \circ g^{-1}$

09. 다음 조건을 만족하는 이차함수를 구하여라.

(1) $(0,\ 4)$를 지나고 꼭짓점이 $(1,\ 1)$인 이차함수

(2) $(1,\ 2)$, $(-1,\ 10)$, $(2,\ 1)$을 지나는 이차함수

10. 다음 함수의 최댓값과 최솟값을 구하여라.

(1) $y=3-x^2\ \ (-1\le x\le 3)$

(2) $y=x^2+3x+1\ \ (0\le x\le 2)$

(3) $y=2x^2-5x+2\ \ (0\le x\le 3)$

(4) $y=4x-5x^2\ \ (1\le x\le 3)$

11. 직선 $y=ax$는 $y=x^2-x+1$과는 두 점에서 만나고, $y=x^2+x+1$과는 만나지 않는다. 이때 a의 값의 범위를 구하여라.

12. 다음 식을 간단히 하여라.

(1) $4^{\frac{2}{3}}\div 24^{\frac{1}{3}}\times 18^{\frac{2}{3}}$

(2) $(a^4b^5)^2\div(a^3b^2)^4\times\dfrac{a^3}{b^2}$

(3) $\sqrt{\dfrac{\sqrt[3]{a}}{\sqrt[4]{a}}}\times\sqrt[3]{\dfrac{\sqrt[4]{a}}{\sqrt{a}}}\times\sqrt[4]{\dfrac{\sqrt{a}}{\sqrt[3]{a}}}$

(4) $\sqrt{(x+\sqrt{x^2})^2}-\sqrt{(x-\sqrt{x^2})^2}$

13. 다음 지수방정식을 풀어라.

(1) $\left(\dfrac{1}{\sqrt{3}}\right)^{3x}=9^{3-x}$

(2) $(2^x-8)(3^{2x}-9)=0$

(3) $3^{x+1}-6=3^x$

(4) $4^x-9\cdot 2^x+8=0$

14. 다음 부등식을 풀어라.

(1) $2^{x+2}\le 4^x-2^x+4$

(2) $(2^x-32)\left(\dfrac{1}{3^x}-27\right)>0$

(3) $4^x\times 5^{2x-1}\le 2\times 10^{x+3}$

(4) $\left(\dfrac{1}{2}\right)^{x^2-8x+6}>2^{-x^2+7x-2}$

15. 다음 식을 간단히 하여라.

(1) $3\log_5 3 - 2\log_5 75$

(2) $\log_3 4 \cdot \log_4 9$

(3) $\log_2 9 + \log_2 \left(\frac{8}{3}\right)^3$

(4) $\frac{1}{3}\log_2 \frac{5}{4} - \log_2 \frac{\sqrt[3]{10}}{8}$

(5) $\log_3 5 \cdot \log_5 7 \cdot \log_7 9$

(6) $(\log_2 3 + \log_4 9)(\log_3 4 + \log_9 2)$

16. $\log_2 3 = a$, $\log_3 5 = b$일 때, $\log_{30} 75$를 a, b로 나타내어라.

17. $\log_{10} 2 = a$, $\log_{10} 3 = b$일 때, 다음 값을 a, b로 나타내어라.

(1) $\log_6 25$

(2) $\log_3 2$

18. 다음 방정식을 풀어라.

(1) $\log_2(x-5) = \log_4(x-2) + 2$

(2) $\log_2 x = \log_x 2$

(3) $x^{\log_2 x} = 8x^2$

(4) $(\log_3 x)\left(\log_{\frac{1}{3}} x\right) + 3\log_3 x + 10 = 0$

19. 다음 부등식을 풀어라.

(1) $\log_3(x-1) + \log_3(4x-7) \le 3$

(2) $\left(\log_{\frac{1}{9}} x\right)\left(\log_3 \frac{x}{9}\right) \ge -4$

(3) $\log_3(x-3) + \log_3(x+1) < 1 + \log_3 4$

(4) $(\log_3 x)^2 - 6\log_3 \sqrt{x} + 2 < 0$

CHAPTER

4 삼각함수

4.1 삼각함수의 정의와 성질

1 일반각과 호도법

일반각의 뜻과 그 크기를 나타내는 방법을 알아보자.

오른쪽 그림과 같이 두 반직선 OX, OP로 이루어진 도형을 $\angle XOP$라고 한다.

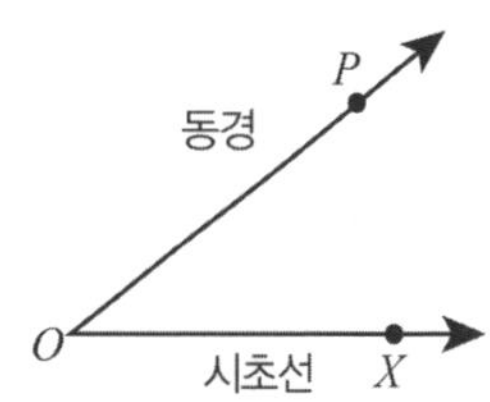

$\angle XOP$의 크기는 반직선 OX의 위치에서 반직선 OP가 점 O를 중심으로 회전한 양으로 정의한다.

이때 반직선 OX를 **시초선**, 반직선 OP를 **동경**이라고 한다. 동경 OP의 회전 방향은 점 O를 중심으로 시계 반대 방향을 양의 방향, 시계 방향과 같은 방향을 음의 방향이라고 한다.

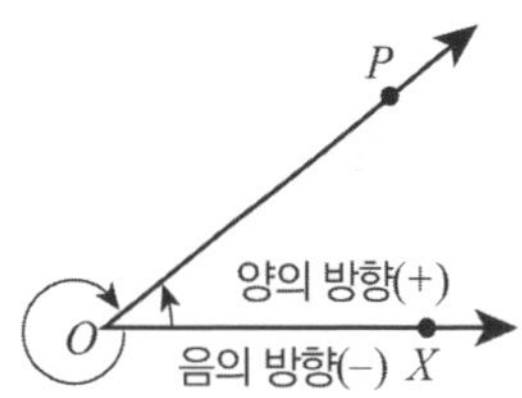

이때 각의 크기는 동경의 회전 방향에 따라 양, 음의 부호를 붙여서 나타낸다.

◆ 보기 $60°$, $-300°$, $240°$, $-120°$, $180°$, $-180°$를 그림으로 나타내면 다음과 같다.

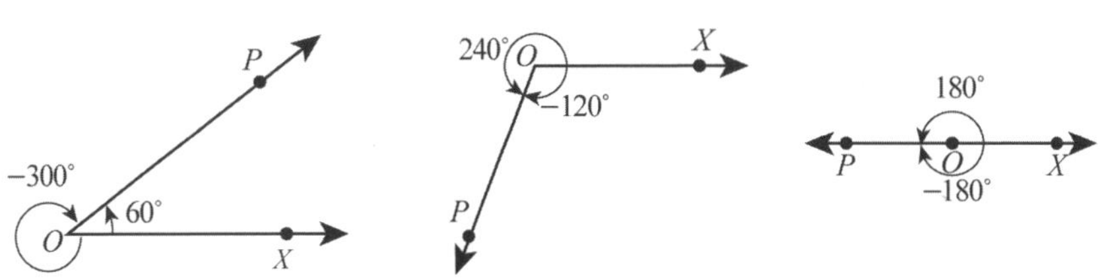

좌표평면에서 각의 꼭짓점을 원점 O로 잡고, 시초선 OX를 x축의 양의 방향으로 잡을 때, 동경 OP가 제1사분면, 제2사분면, 제3사분면, 제4사분면에 있으면 동경 OP가 나타내는 각을 각각 제1사분면의 각, 제2사분면의 각, 제3사분면의 각, 제4사분면의 각

이라고 한다.

또 동경 OP가 좌표축 위에 놓여 있을 때는 어느 사분면에도 속하지 않는다.

즉, $0°$, $90°$, $180°$, $270°$, $360°$ 등의 각은 어느 사분면의 각도 아니다.

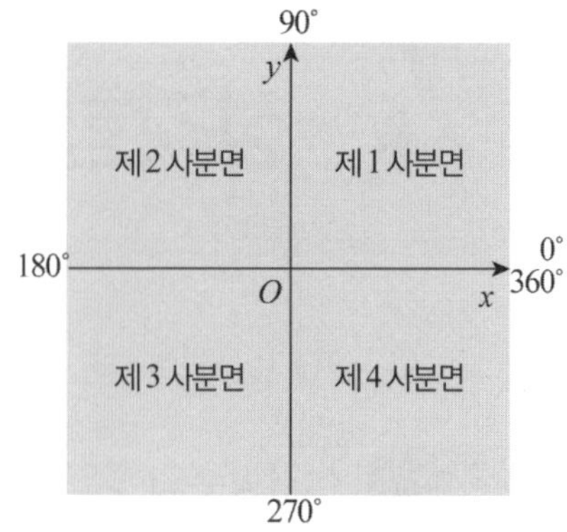

$\angle XOP$에서 시초선 OX는 고정되어 있으므로 $\angle XOP$의 크기가 주어지면 동경 OP의 위치는 하나로 정해진다. 그러나 동경 OP의 위치가 정해졌을 때, $\angle XOP$의 크기는 하나로 정해지지 않는다.

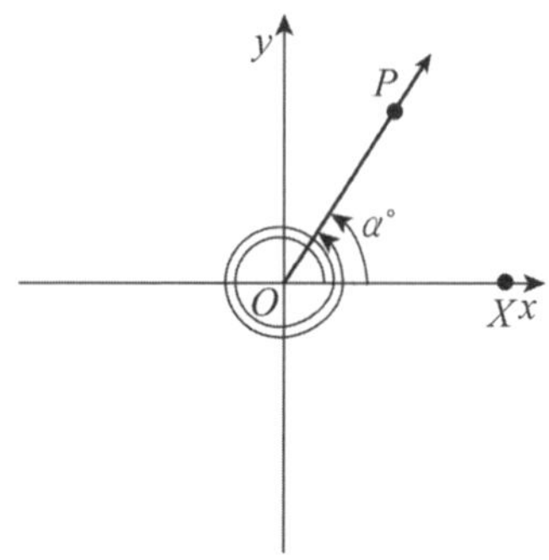

일반적으로 동경 OP가 나타내는 각의 크기를 $\alpha°$라 하면, 동경 OP로 정해지는 각의 크기는

$$360° \times n + \alpha° \quad (n\text{은 정수})$$

와 같이 나타낼 수 있다. 이것을 동경 OP가 나타내는 **일반각**이라고 한다.

예제 4.1.1

다음 각은 제 몇 사분면의 각인가?

(1) $460°$ (2) $770°$

(3) $-510°$ (4) $-390°$

#풀이 (1) $460° = 360° \times 1 + 100°$ $\quad \therefore$ 제2사분면

(2) $770° = 360° \times 2 + 50°$ $\quad \therefore$ 제1사분면

(3) $-510° = 360° \times (-2) + 210°$ $\quad \therefore$ 제3사분면

(4) $-390° = 360° \times (-2) + 330°$ $\quad \therefore$ 제4사분면

문제 4.1.1 다음 각은 제 몇 사분면의 각인가?

(1) $40°$ (2) $145°$

(3) $-150°$ (4) $-330°$

지금까지는 각의 크기를 나타낼 때, 30°, 60°, 90° 등과 같이 1°를 단위로 하는 육십분법을 사용하였다.

여기에서는 호의 길이와 중심각의 크기의 관계를 이용하여 각의 크기를 나타내는 새로운 방법에 대하여 알아보자.

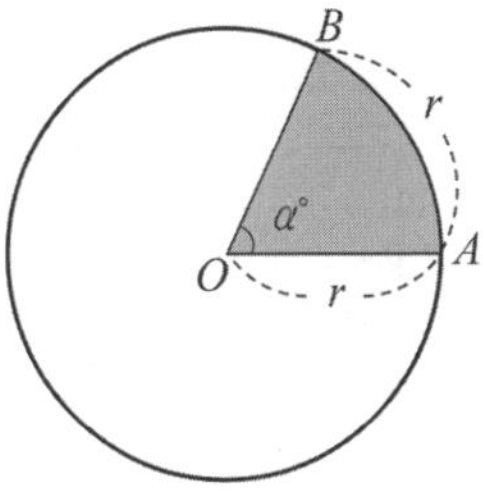

오른쪽 그림과 같이 반지름의 길이가 r인 원 O에서 호의 길이가 r인 부채꼴 AOB의 중심각의 크기를 $\alpha°$라 하면 호의 길이는 중심각의 크기에 비례하므로

$$r : 2\pi r = \alpha° : 360°$$

따라서 $\alpha° = \dfrac{180°}{\pi} \fallingdotseq 57°17'45''$이다.

여기서 중심각 α의 크기를 원의 크기에 관계없이 일정하다.

이와 같이 반지름의 길이와 같은 길이를 가지는 호에 대한 중심각의 크기 $\dfrac{180°}{\pi}$를 1 라디안(radian)이라 하고, 이것을 단위로 각의 크기를 나타내는 방법을 호도법(circular measure)이라고 한다.

일반적으로 육십분법과 호도법 사이에는 다음과 같은 관계가 있다.

정리 4.1.1

$$1\text{라디안} = \frac{180°}{\pi},\ 1° = \frac{\pi}{180}\text{라디안}$$

참고 호도법에서는 각의 단위명인 '라디안'을 흔히 생략한다.

예제 4.1.2

다음에서 육십분법을 호도법으로, 호도법은 육십분법으로 나타내어라.

(1) 30° (2) 90° (3) −45°

(4) $\dfrac{\pi}{3}$ (5) $\dfrac{2}{3}\pi$ (6) $-\dfrac{3}{4}\pi$

#풀이 (1) $30° = 30 \times \dfrac{\pi}{180} = \dfrac{\pi}{6}$

(2) $90° = 90 \times \frac{\pi}{180} = \frac{\pi}{2}$

(3) $-45° = -45 \times \frac{\pi}{180} = -\frac{\pi}{4}$

(4) $\frac{\pi}{3} = \frac{\pi}{3} \times \frac{180°}{\pi} = 60°$

(5) $\frac{2}{3}\pi = \frac{2}{3}\pi \times \frac{180°}{\pi} = 120°$

(6) $-\frac{3}{4}\pi = -\frac{3}{4}\pi \times \frac{180°}{\pi} = -135°$

문제 4.1.2 다음에서 육십분법을 호도법으로, 호도법은 육십분법으로 나타내어라.

(1) $60°$

(2) $-72°$

(3) $\frac{\pi}{9}$

(4) 2π

2 삼각함수의 뜻

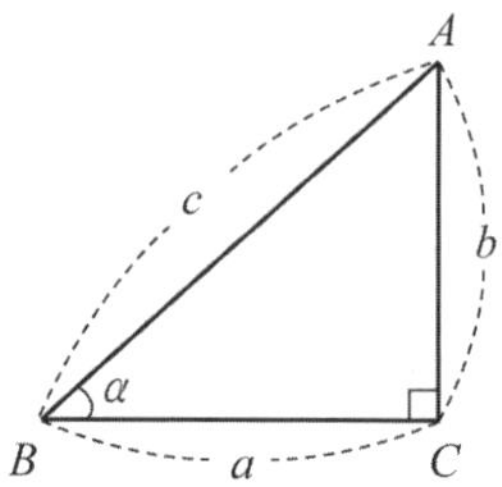

오른쪽 그림과 같이, $\angle C$가 직각인 $\triangle ABC$에서 $\angle B = \alpha$라 하고, 꼭짓점 A, B, C의 대변의 길이를 각각 a, b, c라 할 때, a, b, c 사이의 비를 다음과 같이 나타내고, 이들을 **삼각비**(trigonometric ratio)라 한다.

$$\sin\alpha = \frac{b}{c},\ \cos\alpha = \frac{a}{c},\ \tan\alpha = \frac{b}{a}$$

위의 삼각비의 값은 각 α의 함숫값이므로, 이들을 예각 α의 **삼각함수**(trigonometric function)라고 한다.

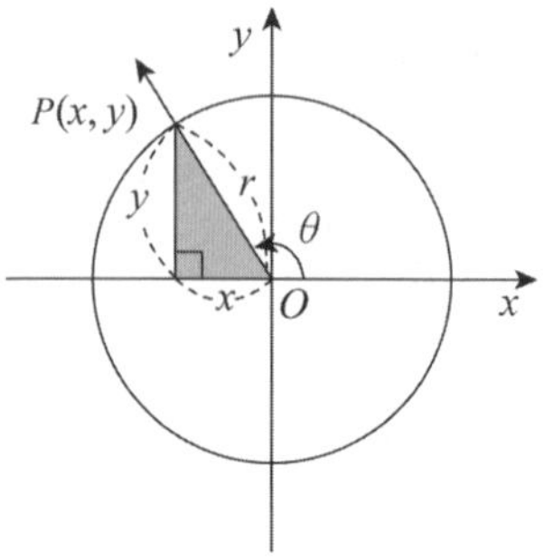

여기서 삼각함수의 정의역은 $\left\{\alpha \mid 0 < \alpha < \frac{\pi}{2}\right\}$이지만, α를 일반각으로 확장하면, 실수 전체의 집합을 정의역으로 하는 삼각함수를 생각할 수 있다.

오른쪽 그림과 같이 원점 O를 중심으로 하고, 반지름의 길이가 r인 원에서 동경 OP가 나타내는 일반각의 크기를

θ라 할 때, 점 P의 좌표를 $(x,\ y)$라 하면 비

$$\frac{x}{r},\ \frac{y}{r},\ \frac{y}{x},\ \frac{r}{x},\ \frac{r}{y},\ \frac{x}{y}$$

의 값은 θ의 값에 의하여 정해지는 함숫값이다.

일반각 θ가 나타내는 동경이 어떤 위치에 있더라도 다음과 같이 정의하고, 이들을 일반각 θ에 대한 삼각함수라고 한다.

동경 OP가 나타내는 일반각 θ에 대하여

$$\sin\theta = \frac{y}{r},\ \cos\theta = \frac{x}{r},\ \tan\theta = \frac{y}{x}$$

$$\csc\theta = \frac{r}{y},\ \sec\theta = \frac{r}{x},\ \cot\theta = \frac{x}{y}$$

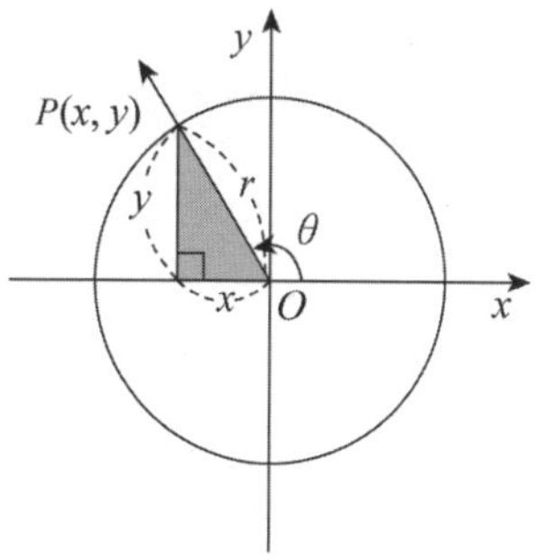

이때 $\sin\theta$, $\cos\theta$, $\tan\theta$를 각각 θ의 사인, 코사인, 탄젠트라 읽고, $\csc\theta$,$\sec\theta$, $\cot\theta$를 각각 θ의 코시컨트, 시컨트, 코탄젠트라고 읽는다.

예제 4.1.3

다음 직각삼각형에서 $\sin\alpha$, $\cos\alpha$, $\tan\alpha$, $\sin\beta$, $\cos\beta$, $\tan\beta$의 값을 구하여라.

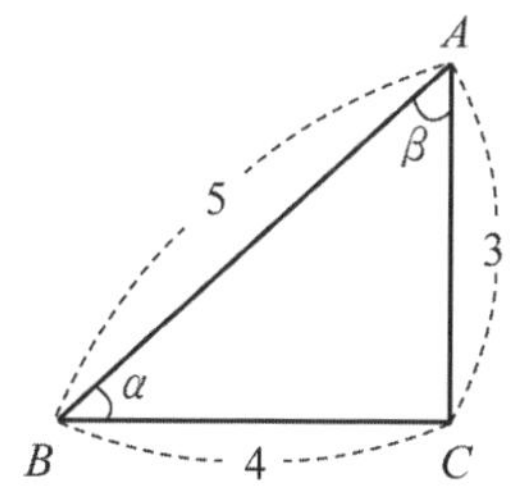

#풀이

$$\sin\alpha = \frac{3}{5},\ \cos\alpha = \frac{4}{5},\ \tan\alpha = \frac{3}{4}$$

$$\sin\beta = \frac{4}{5},\ \cos\beta = \frac{3}{5},\ \tan\beta = \frac{4}{3}$$

일반각 θ에 대한 삼각함수 값의 부호는 각 θ의 동경이 위치하는 사분면에 따라 다음과 같다.

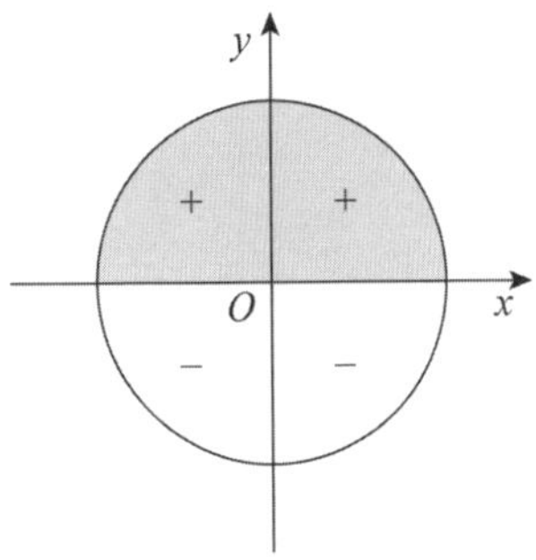

sinθ의 부호

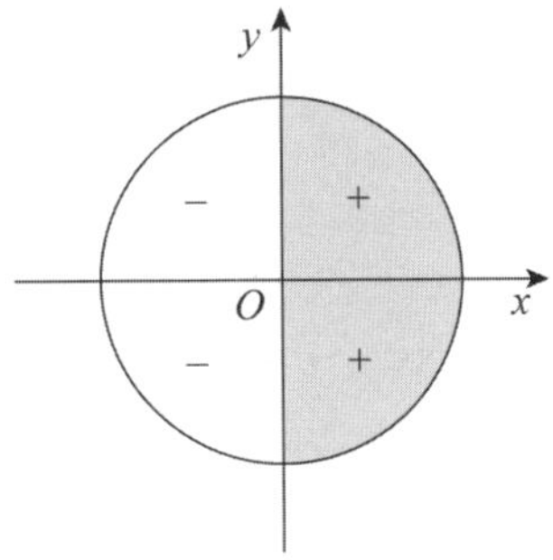

cosθ의 부호

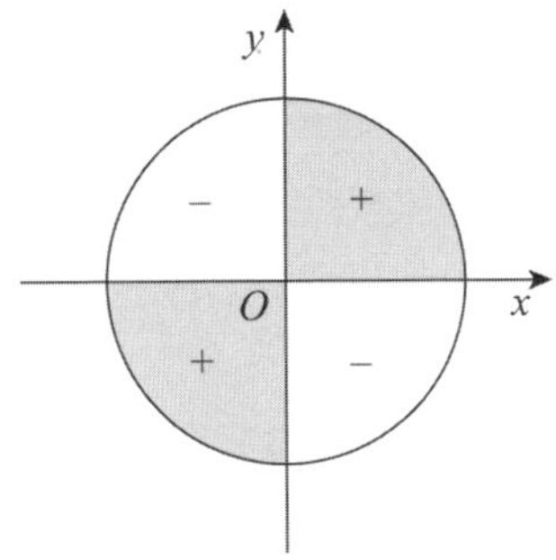

tanθ의 부호

예제 4.1.4

원점 O와 점 $P(4,\ -3)$을 지나는 동경 OP가 나타내는 각을 θ라고 할 때, θ에 대한 $\sin\theta$, $\cos\theta$, $\tan\theta$의 값을 구하여라.

풀이 $\overline{OP}=\sqrt{4^2+(-3)^2}=5$ 이므로

$$\sin\theta=-\frac{3}{5}$$

$$\cos\theta=\frac{4}{5}$$

$$\tan\theta=-\frac{3}{4}$$

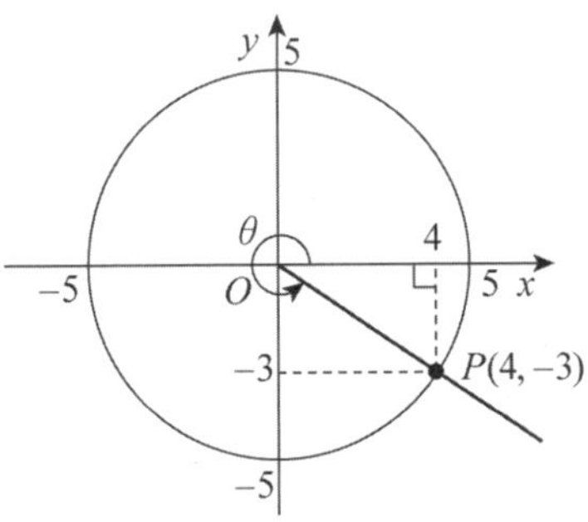

문제 4.1.3 원점 O와 점 $P(-6,\ 8)$을 지나는 동경 OP가 나타내는 각을 θ라고 할 때, θ에 대한 $\sin\theta$, $\cos\theta$, $\tan\theta$의 값을 구하여라.

3 삼각함수의 성질

삼각함수의 정의에서 얻을 수 있는 삼각함수 사이의 관계를 알아보자.

다음 그림과 같이 중심이 원점인 단위원 O 위의 임의의 점 $P(x,\ y)$에 대하여 동경 OP가 나타내는 각의 크기를 θ라고 하면 각 θ의 삼각함수는

$$\sin\theta = y,\ \cos\theta = x,\ \tan\theta = \frac{y}{x}$$

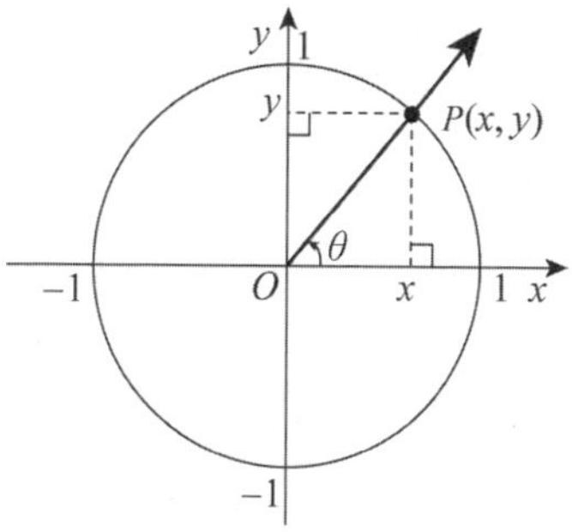

이므로

$$\tan\theta = \frac{\sin\theta}{\cos\theta}$$

또 원 O의 반지름의 길이가 1이므로

$\overline{OP} = \sqrt{x^2 + y^2} = 1$에서

$$\sin^2\theta + \cos^2\theta = 1$$

일반적으로 삼각함수 사이에는 다음 관계가 성립한다.

정리 4.1.2

(1) $\csc\theta = \dfrac{1}{\sin\theta},\ \sec\theta = \dfrac{1}{\cos\theta},\ \cot\theta = \dfrac{1}{\tan\theta}$

(2) $\tan\theta = \dfrac{\sin\theta}{\cos\theta},\ \cot\theta = \dfrac{\cos\theta}{\sin\theta}$

(3) $\sin^2\theta + \cos^2\theta = 1,\ 1 + \tan^2\theta = \sec^2\theta,\ 1 + \cot^2\theta = \csc^2\theta$

예제 4.1.5

θ가 제2사분면의 각이고 $\sin\theta = \dfrac{3}{5}$일 때, $\cos\theta$, $\tan\theta$의 값을 구하여라.

 # 풀이 $\cos^2\theta = 1 - \sin^2\theta = 1 - \left(\dfrac{3}{5}\right)^2 = \dfrac{16}{25}$이다.

그런데 θ는 제2사분면의 각이므로 $\cos\theta < 0$

$$\therefore\ \cos\theta = -\frac{4}{5},\ \tan\theta = \frac{\sin\theta}{\cos\theta} = -\frac{3}{4}$$

문제 4.1.4 θ가 제4사분면의 각이고 $\cos\theta = \dfrac{5}{13}$일 때, $\sin\theta$, $\tan\theta$의 값을 구하여라.

문제 4.1.5 θ가 제2사분면의 각이고 $\tan\theta = -3$ 일 때, $\sin\theta$, $\cos\theta$의 값을 구하여라.

삼각함수의 값은 각을 나타내는 동경의 위치만으로 정해진다. 이를 이용하여 삼각함수의 여러 가지 성질을 알아보자.

n을 정수라 하면, 각 $2n\pi+\theta$와 각 θ를 나타내는 동경은 일치하므로 다음 관계식을 얻는다.

정리 4.1.3

(1) $\sin(2n\pi+\theta)=\sin\theta$

(2) $\cos(2n\pi+\theta)=\cos\theta$

(3) $\tan(2n\pi+\theta)=\tan\theta$

◆ 보기 (1) $\sin750° = \sin(360°\times2+30°) = \sin30° = \frac{1}{2}$

(2) $\cos\frac{17}{4}\pi = \cos\left(2\pi\times2+\frac{\pi}{4}\right) = \cos\frac{\pi}{4} = \frac{\sqrt{2}}{2}$

(3) $\tan\left(-\frac{11}{3}\pi\right) = \tan\left(2\pi\times(-2)+\frac{\pi}{3}\right) = \tan\frac{\pi}{3} = \sqrt{3}$

문제 4.1.6 다음 삼각함수의 값을 구하여라.

(1) $\sin765°$ (2) $\cos420°$ (3) $\tan765°$

(4) $\sin\frac{13}{3}\pi$ (5) $\cos\frac{9}{4}\pi$ (6) $\tan\left(-\frac{11}{6}\pi\right)$

각 θ와 각 $-\theta$의 삼각함수 사이의 관계를 알아보자.

오른쪽 그림과 같이 각 θ의 동경과 단위원과의 교점을 $P(x,\ y)$라고 하면 각 $-\theta$의 동경과 단위원과의 교점 P'은 점 P와 x축에 대하여 대칭이므로 $P'(x,\ -y)$이다.

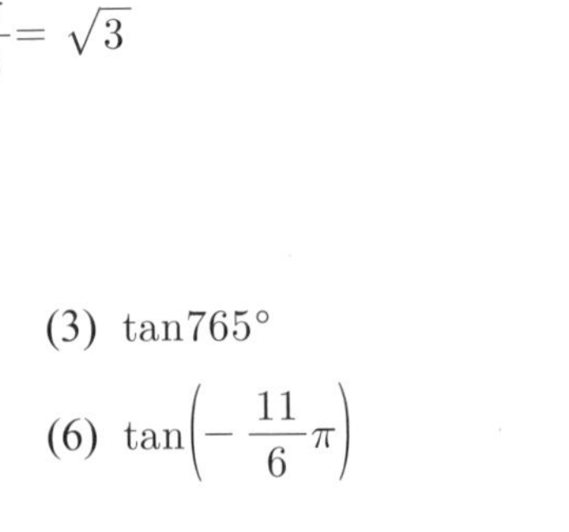

이때 $x=\cos\theta$, $y=\sin\theta$이므로 다음이 성립함을 알 수 있다.

$$\sin(-\theta) = -y = -\sin\theta$$
$$\cos(-\theta) = x = \cos\theta$$
$$\tan(-\theta) = -\frac{y}{x} = -\frac{\sin\theta}{\cos\theta} = -\tan\theta$$

이상을 정리하면 다음과 같다.

정리 4.1.4

(1) $\sin(-\theta) = -\sin\theta$

(2) $\cos(-\theta) = \cos\theta$

(3) $\tan(-\theta) = -\tan\theta$

◆ 보기 (1) $\sin(-60°) = -\sin 60° = -\frac{\sqrt{3}}{2}$

(2) $\cos(-60°) = \cos 60° = \frac{1}{2}$

(3) $\tan(-60°) = -\tan 60° = -\sqrt{3}$

문제 4.1.7 다음 삼각함수의 값을 구하여라.

(1) $\sin(-45°)$ (2) $\cos\left(-\frac{3}{4}\pi\right)$ (3) $\tan\left(-\frac{\pi}{3}\right)$

각 θ와 각 $\pi+\theta$의 삼각함수 사이의 관계를 알아보자.

오른쪽 그림과 같이 각 θ의 동경과 단위원과의 교점을 $P(x, y)$라고 하면 각 $\pi+\theta$의 동경과 단위원과의 교점 P'은 점 P와 원점에 대하여 대칭이므로 $P'(-x, -y)$이다.

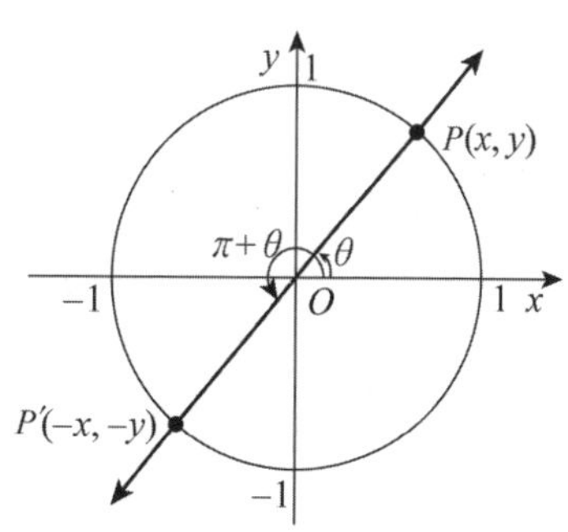

이때 $x = \cos\theta$, $y = \sin\theta$이므로 다음이 성립함을 알 수 있다.

$$\sin(\pi+\theta) = -y = -\sin\theta$$
$$\cos(\pi+\theta) = -x = -\cos\theta$$

$$\tan(\pi+\theta)=\frac{-y}{-x}=\frac{y}{x}=\frac{\sin\theta}{\cos\theta}=\tan\theta$$

또한 위의 식에서 θ 대신 $-\theta$를 대입하면

$$\sin(\pi-\theta)=\sin\{\pi+(-\theta)\}=-\sin(-\theta)=\sin\theta$$
$$\cos(\pi-\theta)=\cos\{\pi+(-\theta)\}=-\cos(-\theta)=-\cos\theta$$
$$\tan(\pi-\theta)=\tan\{\pi+(-\theta)\}=\tan(-\theta)=-\tan\theta$$

이상을 정리하면 다음과 같다.

정리 4.1.5

(1) $\sin(\pi+\theta)=-\sin\theta$

(2) $\cos(\pi+\theta)=-\cos\theta$

(3) $\tan(\pi+\theta)=\tan\theta$

(4) $\sin(\pi-\theta)=\sin\theta$

(5) $\cos(\pi-\theta)=-\cos\theta$

(6) $\tan(\pi-\theta)=-\tan\theta$

◆ 보기 (1) $\sin 210^\circ=\sin(180^\circ+30^\circ)=-\sin 30^\circ=-\frac{1}{2}$

(2) $\cos 240^\circ=\cos(180^\circ+60^\circ)=-\cos 60^\circ=-\frac{1}{2}$

(3) $\tan\frac{5}{6}\pi=\tan\left(\pi-\frac{\pi}{6}\right)=-\tan\frac{\pi}{6}=-\frac{1}{\sqrt{3}}$

문제 4.1.8 다음 삼각함수의 값을 구하여라.

(1) $\sin 240^\circ$ (2) $\cos 210^\circ$ (3) $\tan\frac{4}{3}\pi$

각 θ와 각 $\frac{\pi}{2}+\theta$의 삼각함수 사이의 관계를 알아보자.

다음 그림과 같이 각 θ의 동경과 단위원과의 교점을 $P(x, y)$라고 하면 각 $\frac{\pi}{2}+\theta$의 동경과 단위원과의 교점을 P'이라고 하자. 또 점 P에서 x축에 내린 수선의 발을 Q, 점 P'에서 y축에 내린 수선의 발을 Q'이라고 하면

$$\triangle OPQ\equiv\triangle OP'Q'$$

이다. 따라서

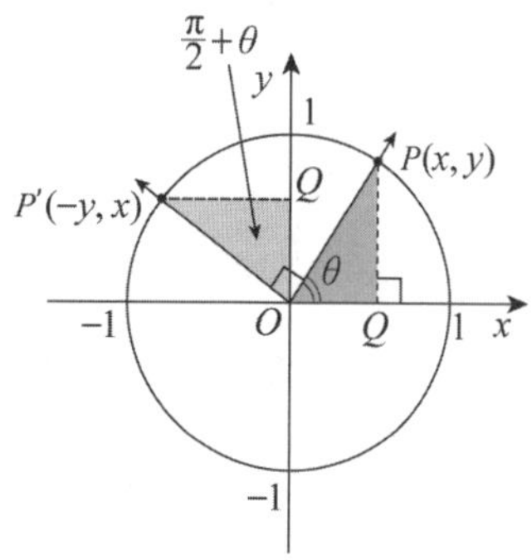

$$\overline{P'Q'} = \overline{PQ} = y, \quad \overline{OQ'} = \overline{OQ} = x$$

이므로 점 P'의 좌표는 $(-y,\ x)$이다.

이때 $x = \cos\theta$, $y = \sin\theta$이므로 다음이 성립함을 알 수 있다.

$$\sin\left(\frac{\pi}{2} + \theta\right) = x = \cos\theta$$

$$\cos\left(\frac{\pi}{2} + \theta\right) = -y = -\sin\theta$$

$$\tan\left(\frac{\pi}{2} + \theta\right) = \frac{x}{-y} = -\frac{x}{y} = -\frac{\cos\theta}{\sin\theta} = -\cot\theta$$

또한 위의 식에서 θ 대신 $-\theta$를 대입하면

$$\sin\left(\frac{\pi}{2} - \theta\right) = \sin\left(\frac{\pi}{2} + (-\theta)\right) = \cos(-\theta) = \cos\theta$$

$$\cos\left(\frac{\pi}{2} - \theta\right) = \cos\left(\frac{\pi}{2} + (-\theta)\right) = -\sin(-\theta) = \sin\theta$$

$$\tan\left(\frac{\pi}{2} - \theta\right) = \tan\left(\frac{\pi}{2} + (-\theta)\right) = -\frac{1}{\tan(-\theta)} = \frac{1}{\tan\theta} = \cot\theta$$

이상을 정리하면 다음과 같다.

정리 4.1.6

(1) $\sin\left(\frac{\pi}{2} + \theta\right) = \cos\theta$

(2) $\cos\left(\frac{\pi}{2} + \theta\right) = -\sin\theta$

(3) $\tan\left(\frac{\pi}{2} + \theta\right) = -\cot\theta$

(4) $\sin\left(\frac{\pi}{2} - \theta\right) = \cos\theta$

(5) $\cos\left(\frac{\pi}{2} - \theta\right) = \sin\theta$

(6) $\tan\left(\frac{\pi}{2} - \theta\right) = \cot\theta$

◆ 보기 (1) $\sin\frac{2}{3}\pi = \sin\left(\frac{\pi}{2} + \frac{\pi}{6}\right) = \cos\frac{\pi}{6} = \frac{\sqrt{3}}{2}$

(2) $\cos 120° = \cos(90° + 30°) = -\sin 30° = -\frac{1}{2}$

(3) $\tan 120° = \tan(90° + 30°) = -\dfrac{1}{\tan 30°} = -\sqrt{3}$

문제 4.1.9 다음 삼각함수의 값을 구하여라.

(1) $\sin 135°$ (2) $\cos \dfrac{5}{6}\pi$ (3) $\tan \dfrac{13}{6}\pi$

4.2 삼각함수의 그래프

함수 $y = \sin x$와 $y = \cos x$의 그래프를 그려 보고, 그 성질을 알아보자.

좌표평면 위에서 각 θ의 동경과 단위원과의 교점을 $P(x,\ y)$라고 하면

$$\sin\theta = y,\ \ \cos\theta = x$$

점 P가 단위원 위를 움직일 때, θ의 값에 따른 $\sin\theta$, 즉 y의 값을 표로 나타내고, 대응하는 점을 좌표평면 위에 나타낸 후 곡선으로 연결하면 그 그래프는 다음과 같다.

θ	0	$\frac{\pi}{6}$	$\frac{\pi}{2}$	$\frac{5}{6}\pi$	π	$\frac{7}{6}\pi$	$\frac{3}{2}\pi$	$\frac{11}{6}\pi$	2π
$\sin\theta$	0	$\frac{1}{2}$	1	$\frac{1}{2}$	0	$-\frac{1}{2}$	-1	$-\frac{1}{2}$	0

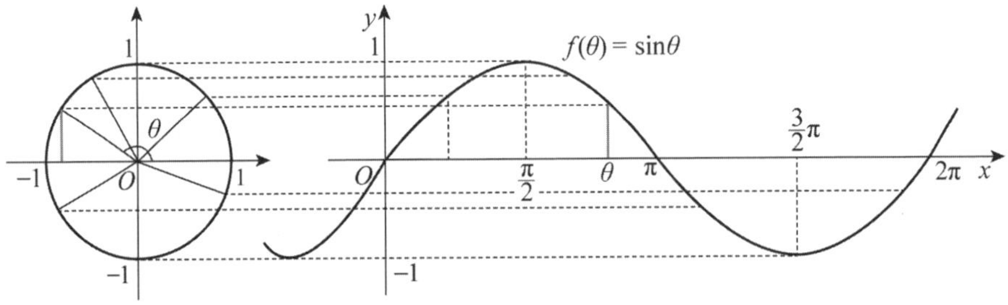

같은 방법으로 θ의 값에 따른 $\cos\theta$, 즉 x의 값을 표로 나타내고, 대응하는 점을 좌표평면 위에 나타낸 후 곡선으로 연결하면 그 그래프는 다음과 같다.

θ	0	$\frac{\pi}{3}$	$\frac{\pi}{2}$	$\frac{2}{3}\pi$	π	$\frac{4}{3}\pi$	$\frac{3}{2}\pi$	$\frac{5}{3}\pi$	2π
$\cos\theta$	1	$\frac{1}{2}$	0	$-\frac{1}{2}$	-1	$-\frac{1}{2}$	0	$\frac{1}{2}$	1

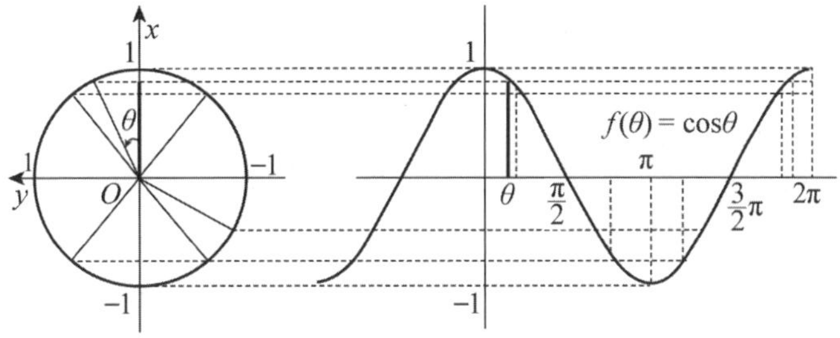

이제부터는 사인함수와 코사인함수에서 θ를 x, $f(\theta)$를 y로 나타내기로 한다.

함수 $y=\sin x$와 $y=\cos x$의 그래프에서 $y=\sin x$와 $y=\cos x$는 2π 간격으로 함숫값의 변화가 반복됨을 알 수 있다. 따라서 다음이 성립한다.

$$\sin(x+2n\pi)=\sin x,\ \cos(x+2n\pi)=\cos x \quad (\text{단, } n\text{은 정수})$$

일반적으로 함수 $y=f(x)$에서 임의의 x에 대하여

$$f(x+p)=f(x)$$

가 성립하는 0이 아닌 상수 p가 존재할 때, $y=f(x)$를 **주기함수**(periodic function)라 하고, 상수 p의 값 중 최소인 양수를 그 함수의 **주기**(period)라고 한다.

◆ **보기** $\sin(x+2\pi)=\sin x$, $\sin(x+4\pi)=\sin x$,
$\sin(x+6\pi)=\sin x$, $\sin(x+8\pi)=\sin x$, $\cdots$
$\sin(x+p)=\sin x$를 만족하는 최소인 양수 p는 2π이므로
함수 $y=\sin x$는 주기가 2π인 주기함수이다.
마찬가지로 $y=\cos x$도 주기가 2π인 주기함수이다.

이상에서 다음을 알 수 있다.

정리 4.2.1

함수 $y=\sin x$와 $y=\cos x$의 그래프에서

(1) 정의역은 실수 전체의 집합이고, 치역은 $\{y \mid -1 \le y \le 1\}$이다.

(2) 주기가 2π인 주기함수이다.

(3) $y=\sin x$의 그래프는 원점에 대하여 대칭이고,

$y=\cos x$의 그래프는 y축에 대하여 대칭이다.

(4) 함수 $y=a\sin bx$꼴은 $y=\sin x$의 그래프를 y축 방향으로 $|a|$배 확대, x축 방향으로 $\frac{1}{|b|}$배 축소한 것이다.

$$\text{최댓값}: |a|,\ \text{최솟값}: -|a|,\ \text{주기}: \frac{2\pi}{|b|}$$

(5) 함수 $y=a\sin(bx+c)+d$꼴은 $y=a\sin bx$의 그래프를 x축 방향으로 $-\frac{c}{b}$만큼, y축 방향으로 d만큼 평행이동한 그래프이다.

$$\text{최댓값}: |a|+d,\ \text{최솟값}: -|a|+d,\ \text{주기}: \frac{2\pi}{|b|}$$

예제 4.2.1

다음 함수의 주기를 구하고, 그 그래프를 그려라.

(1) $y=\sin 2x$　　　　(2) $y=\cos\frac{x}{2}$

 # 풀이 (1) $\sin 2x=\sin(2x+2\pi)=\sin 2(x+\pi)$이므로 함수 $y=\sin 2x$의 주기는 π이고, 그 그래프는 다음 그림과 같다.

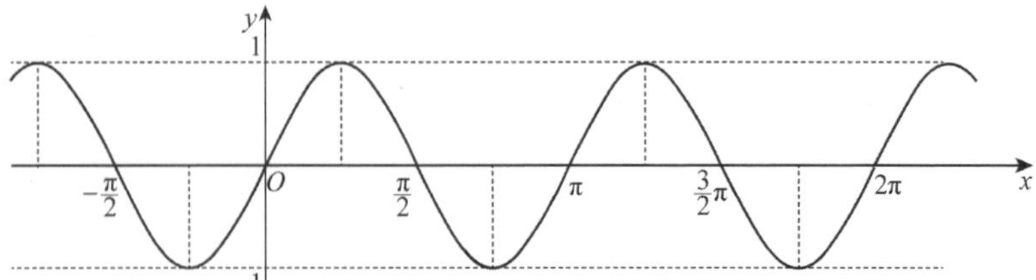

(2) $\cos\frac{x}{2}=\cos\left(\frac{x}{2}+2\pi\right)=\cos\frac{1}{2}(x+4\pi)$이므로 함수 $y=\cos\frac{x}{2}$의 주기는 4π이고, 그 그래프는 다음 그림과 같다.

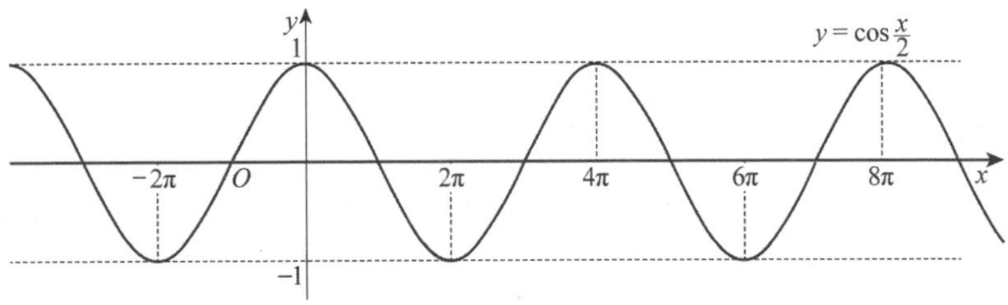

문제 4.2.1 다음 함수의 주기를 구하고, 그래프를 그려라.

(1) $y=\sin\frac{x}{2}$　　　　(2) $y=2\cos 2x$

함수 $y=\tan x$의 그래프를 그려 보고, 그 성질을 알아보자.

좌표평면 위에서 각 θ의 동경 OP 또는 그 연장선과 단위원 위의 점 $A(1,\ 0)$에서의 접선 l과의 교점을 $T(1,\ y)$라고 하면 $\tan\theta=y$이다. 점 P가 단위원 위를 움직일 때, $\tan\theta=y$의 값을 그래프로 나타내면 다음 그림과 같다.

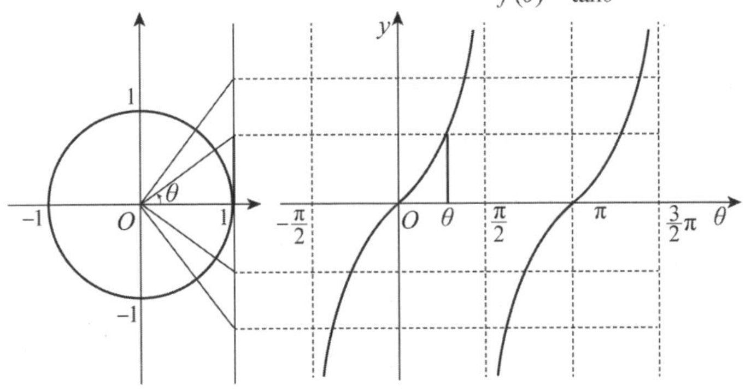

위의 그래프에서 θ를 x, $f(\theta)$를 y로 나타내면 함수 $y=\tan x$의 그래프에는 다음과 같은 성질이 있다.

정리 4.2.2

함수 $y = \tan x$ 의 그래프에서

(1) 정의역은 $x \neq n\pi + \frac{\pi}{2}$ (n은 정수)를 제외한 실수 전체의 집합이고, 치역은 실수 전체의 집합이다.

(2) 주기가 π인 주기함수이다.

(3) 그래프는 원점에 대하여 대칭이고, 직선 $x = n\pi + \frac{\pi}{2}$ (n은 정수)를 점근선으로 한다.

문제 4.2.2 다음 함수의 주기를 구하고, 그래프를 그려라.

(1) $y = \tan\frac{x}{2}$　　　(2) $y = 2\tan 3x$

4.3 여러 가지 공식

1 삼각함수의 덧셈정리

두 각 α, β의 삼각함수를 써서 $\alpha+\beta$, $\alpha-\beta$의 삼각함수를 나타내는 방법을 알아보자.

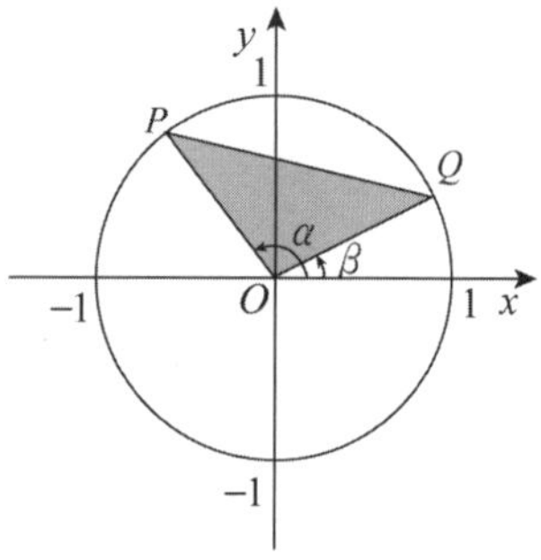

오른쪽 그림과 같이 좌표평면 위의 단위원 위에 있는 두 점 P, Q에 대하여 동경 OP, OQ가 나타내는 각을 각각 α, β라고 하면, 점 P, Q의 좌표는 각각

$$P(\cos\alpha,\ \sin\alpha),\ \ Q(\cos\beta,\ \sin\beta)$$

이고,

$$\angle POQ = \alpha - \beta,\ \ \overline{OP} = 1,\ \ \overline{OQ} = 1$$

이다. 이때 $\triangle POQ$에서 코사인 법칙을 이용하면

$$\overline{PQ}^2 = \overline{OP}^2 + \overline{OQ}^2 - 2\overline{OP} \cdot \overline{OQ} \cdot \cos(\angle POQ)$$

이므로

$$(\cos\alpha - \cos\beta)^2 + (\sin\alpha - \sin\beta)^2 = 1^2 + 1^2 - 2 \cdot 1 \cdot 1 \cdot \cos(\alpha - \beta)$$

이 식에서 $\sin^2\alpha + \cos^2\alpha = 1$, $\sin^2\beta + \cos^2\beta = 1$을 이용하여 정리하면

$$\cos(\alpha - \beta) = \cos\alpha\cos\beta + \sin\alpha\sin\beta \qquad \cdots\cdots ①$$

①에서 β 대신 $-\beta$를 대입하여 정리하면

$$\cos(\alpha + \beta) = \cos\alpha\cos\beta - \sin\alpha\sin\beta \qquad \cdots\cdots ②$$

한편 ②에서 $\sin\theta = \cos\left(\dfrac{\pi}{2} - \theta\right)$임을 이용하면

$$\begin{aligned} \sin(\alpha + \beta) &= \cos\left\{\frac{\pi}{2} - (\alpha + \beta)\right\} \\ &= \cos\left\{\left(\frac{\pi}{2} - \alpha\right) - \beta\right\} \\ &= \cos\left(\frac{\pi}{2} - \alpha\right)\cos\beta + \sin\left(\frac{\pi}{2} - \alpha\right)\sin\beta \\ &= \sin\alpha\cos\beta + \cos\alpha\sin\beta \end{aligned}$$

$$\therefore\ \sin(\alpha + \beta) = \sin\alpha\cos\beta + \cos\alpha\sin\beta \qquad \cdots\cdots ③$$

③에서 β 대신 $-\beta$를 대입하여 정리하면

$$\sin(\alpha - \beta) = \sin\alpha\cos\beta - \cos\alpha\sin\beta$$

가 성립한다.

또한 ②와 ③에서 다음과 같은 등식을 얻을 수 있다.

$$\begin{aligned} \tan(\alpha + \beta) &= \frac{\sin(\alpha + \beta)}{\cos(\alpha + \beta)} \\ &= \frac{\sin\alpha\cos\beta + \cos\alpha\sin\beta}{\cos\alpha\cos\beta - \sin\alpha\sin\beta} \end{aligned}$$

에서 우변의 분모, 분자를 $\cos\alpha\cos\beta\ (\neq 0)$로 나누면

$$\tan(\alpha + \beta) = \frac{\tan\alpha + \tan\beta}{1 - \tan\alpha\tan\beta} \qquad \cdots\cdots ④$$

④에서 β 대신 $-\beta$를 대입하여 정리하면

$$\tan(\alpha-\beta)=\frac{\tan\alpha-\tan\beta}{1+\tan\alpha\tan\beta}$$

이상을 정리하면, 두 각의 합 또는 차에 대하여 다음과 같은 삼각함수의 **덧셈정리**(addition theorem)를 얻는다.

정리 4.3.1

(1) $\sin(\alpha+\beta)=\sin\alpha\cos\beta+\cos\alpha\sin\beta$

$\sin(\alpha-\beta)=\sin\alpha\cos\beta-\cos\alpha\sin\beta$

(2) $\cos(\alpha+\beta)=\cos\alpha\cos\beta-\sin\alpha\sin\beta$

$\cos(\alpha-\beta)=\cos\alpha\cos\beta+\sin\alpha\sin\beta$

(3) $\tan(\alpha+\beta)=\dfrac{\tan\alpha+\tan\beta}{1-\tan\alpha\tan\beta}$

$\tan(\alpha-\beta)=\dfrac{\tan\alpha-\tan\beta}{1+\tan\alpha\tan\beta}$

◆ 보기

$$\begin{aligned}\sin75°&=\sin(45°+30°)\\&=\sin45°\cos30°+\cos45°\sin30°\\&=\frac{\sqrt{2}}{2}\cdot\frac{\sqrt{3}}{2}+\frac{\sqrt{2}}{2}\cdot\frac{1}{2}=\frac{\sqrt{6}+\sqrt{2}}{4}\end{aligned}$$

문제 4.3.1 다음 삼각함수의 값을 구하여라.

(1) $\sin15°$ (2) $\cos75°$ (3) $\tan15°$

예제 4.3.1

$\sin\alpha=\dfrac{2}{3}$, $\cos\beta=\dfrac{1}{4}$일 때, $\sin(\alpha+\beta)$, $\cos(\alpha-\beta)$의 값을 구하여라.

(단, $\dfrac{\pi}{2}<\alpha<\pi$, $0<\beta<\dfrac{\pi}{2}$)

#풀이 $\frac{\pi}{2} < \alpha < \pi$, $0 < \beta < \frac{\pi}{2}$ 이므로 $\cos\alpha < 0$, $\sin\beta > 0$

따라서 $\cos\alpha = -\sqrt{1-\sin^2\alpha} = -\sqrt{1-\left(\frac{2}{3}\right)^2} = -\frac{\sqrt{5}}{3}$

$\sin\beta = \sqrt{1-\cos^2\beta} = \sqrt{1-\left(\frac{1}{4}\right)^2} = \frac{\sqrt{15}}{4}$

$$\therefore\ \sin(\alpha+\beta) = \sin\alpha\cos\beta + \cos\alpha\sin\beta = \frac{2}{3}\cdot\frac{1}{4} + \left(-\frac{\sqrt{5}}{3}\right)\cdot\frac{\sqrt{15}}{4} = \frac{2-5\sqrt{3}}{12}$$

$$\cos(\alpha-\beta) = \cos\alpha\cos\beta + \sin\alpha\sin\beta = -\frac{\sqrt{5}}{3}\cdot\frac{1}{4} + \frac{2}{3}\cdot\frac{\sqrt{15}}{4} = \frac{-\sqrt{5}+2\sqrt{15}}{12}$$

문제 4.3.2 α, β가 예각이고 $\sin\alpha = \frac{1}{2}$, $\cos\beta = \frac{3}{5}$일 때, 다음 값을 구하여라.

(1) $\sin(\alpha+\beta)$ (2) $\cos(\alpha+\beta)$ (3) $\tan(\alpha+\beta)$

2 배각 · 반각의 공식

삼각함수의 덧셈정리를 응용하여 보자.

$$\sin(\alpha+\beta) = \sin\alpha\cos\beta + \cos\alpha\sin\beta$$
$$\cos(\alpha+\beta) = \cos\alpha\cos\beta - \sin\alpha\sin\beta$$
$$\tan(\alpha+\beta) = \frac{\tan\alpha + \tan\beta}{1-\tan\alpha\tan\beta}$$

위의 각 식에서 β 대신 α를 대입하여 정리하면

$$\sin 2\alpha = \sin\alpha\cos\alpha + \cos\alpha\sin\alpha = 2\sin\alpha\cos\alpha$$
$$\cos 2\alpha = \cos\alpha\cos\alpha - \sin\alpha\sin\alpha = \cos^2\alpha - \sin^2\alpha$$
$$\tan 2\alpha = \frac{\tan\alpha + \tan\alpha}{1-\tan\alpha\tan\alpha} = \frac{2\tan\alpha}{1-\tan^2\alpha}$$

이상에서 다음과 같은 삼각함수의 배각의 공식(formulas of multiple angles)을 얻는다.

정리 4.3.2

(1) $\sin 2\alpha = 2\sin\alpha\cos\alpha$

(2) $\cos 2\alpha = \cos^2\alpha - \sin^2\alpha = 1 - 2\sin^2\alpha = 2\cos^2\alpha - 1$

(3) $\tan 2\alpha = \dfrac{2\tan\alpha}{1-\tan^2\alpha}$

예제 4.3.2

$\sin\alpha = \dfrac{4}{5}$ $\left(\dfrac{\pi}{2} < \alpha < \pi\right)$일 때, 다음 삼각함수의 값을 구하여라.

(1) $\sin 2\alpha$ (2) $\cos 2\alpha$ (3) $\tan 2\alpha$

#풀이 (1) $\sin 2\alpha = 2\sin\alpha\cos\alpha$에서 $\dfrac{\pi}{2} < \alpha < \pi$이므로

$$\cos\alpha = -\sqrt{1-\sin^2\alpha} = -\sqrt{1-\left(\frac{4}{5}\right)^2} = -\frac{3}{5}$$

$$\therefore \sin 2\alpha = 2\times\frac{4}{5}\times\left(-\frac{3}{5}\right) = -\frac{24}{25}$$

(2) $\cos 2\alpha = 1 - 2\sin^2\alpha = 1 - 2\times\left(\dfrac{4}{5}\right)^2 = -\dfrac{7}{25}$

(3) $\tan 2\alpha = \dfrac{\sin 2\alpha}{\cos 2\alpha} = \dfrac{-\dfrac{24}{25}}{-\dfrac{7}{25}} = \dfrac{24}{7}$

문제 4.3.3 $\cos\alpha = -\dfrac{2}{3}$ $\left(\dfrac{\pi}{2} < \alpha < \pi\right)$일 때, 다음 삼각함수의 값을 구하여라.

(1) $\sin 2\alpha$ (2) $\cos 2\alpha$ (3) $\tan 2\alpha$

배각의 공식에서 $\cos 2\alpha = 2\cos^2\alpha - 1$이므로

$$\cos^2\alpha = \frac{1+\cos 2\alpha}{2}$$

또 $\cos 2\alpha = 1 - 2\sin^2\alpha$이므로

$$\sin^2\alpha = \frac{1-\cos 2\alpha}{2}$$

따라서 $\tan^2\alpha = \frac{\sin^2\alpha}{\cos^2\alpha} = \frac{1-\cos 2\alpha}{1+\cos 2\alpha}$ 이다.

여기서 α 대신 $\frac{\alpha}{2}$를 대입하면 다음과 같은 반각의 공식(formulas for half angles)을 얻는다.

정리 4.3.3

(1) $\sin^2\frac{\alpha}{2} = \frac{1-\cos\alpha}{2}$

(2) $\cos^2\frac{\alpha}{2} = \frac{1+\cos\alpha}{2}$

(3) $\tan^2\frac{\alpha}{2} = \frac{1-\cos\alpha}{1+\cos\alpha}$

예제 4.3.3

$\tan 22.5°$의 값을 구하여라.

#풀이 $\tan^2 22.5° = \frac{1-\cos 45°}{1+\cos 45°} = \frac{1-\frac{1}{\sqrt{2}}}{1+\frac{1}{\sqrt{2}}} = \frac{\sqrt{2}-1}{\sqrt{2}+1} = (\sqrt{2}-1)^2$

$\therefore \tan 22.5° = \sqrt{2}-1$

문제 4.3.4 반각의 공식을 이용하여 다음 값을 구하여라.

(1) $\sin 15°$ (2) $\cos 15°$ (3) $\tan 15°$

예제 4.3.4

$\sin\alpha = \frac{4}{5}$ $\left(\frac{\pi}{2} < \alpha < \pi\right)$일 때, $\sin\frac{\alpha}{2}$의 값을 구하여라.

#풀이 $\frac{\pi}{2} < \alpha < \pi$이므로 $\cos\alpha < 0$에서

$$\cos\alpha = -\sqrt{1-\sin^2\alpha} = -\sqrt{1-\left(\frac{4}{5}\right)^2} = -\frac{3}{5}$$

또 $\frac{\pi}{2} < \alpha < \pi$에서 $\frac{\pi}{4} < \frac{\alpha}{2} < \frac{\pi}{2}$이므로, $\sin\frac{\alpha}{2} > 0$

$$\therefore\ \sin\frac{\alpha}{2} = \sqrt{\frac{1-\cos\alpha}{2}} = \sqrt{\frac{1}{2}\left(1+\frac{3}{5}\right)} = \frac{2\sqrt{5}}{5}$$

문제 4.3.5 $\cos\alpha = \frac{3}{5}$ $\left(\frac{3}{2}\pi < \alpha < 2\pi\right)$일 때, 다음 값을 구하여라.

(1) $\sin\frac{\alpha}{2}$ (2) $\cos\frac{\alpha}{2}$ (3) $\tan\frac{\alpha}{2}$

3 합, 차와 곱의 공식

삼각함수의 곱을 합 또는 차의 꼴로 나타내어 보자.
삼각함수의 덧셈정리

$$\sin(\alpha+\beta) = \sin\alpha\cos\beta + \cos\alpha\sin\beta \quad \cdots\cdots ①$$
$$\sin(\alpha-\beta) = \sin\alpha\cos\beta - \cos\alpha\sin\beta \quad \cdots\cdots ②$$

에서 ①+②를 하면

$$\sin(\alpha+\beta) + \sin(\alpha-\beta) = 2\sin\alpha\cos\beta$$
$$\therefore\ \sin\alpha\cos\beta = \frac{1}{2}\{\sin(\alpha+\beta)+\sin(\alpha-\beta)\}$$

①−②를 하면

$$\sin(\alpha+\beta) - \sin(\alpha-\beta) = 2\cos\alpha\sin\beta$$

$$\therefore\ \cos\alpha\sin\beta=\frac{1}{2}\{\sin(\alpha+\beta)-\sin(\alpha-\beta)\}$$

같은 방법으로 삼각함수의 덧셈정리에서 다음 공식을 얻는다.

$$\cos\alpha\cos\beta=\frac{1}{2}\{\cos(\alpha+\beta)+\cos(\alpha-\beta)\}$$

$$\sin\alpha\sin\beta=\frac{1}{2}\{\cos(\alpha+\beta)-\cos(\alpha-\beta)\}$$

이상을 정리하면 다음과 같다.

정리 4.3.4

(1) $\sin\alpha\cos\beta=\frac{1}{2}\{\sin(\alpha+\beta)+\sin(\alpha-\beta)\}$

(2) $\cos\alpha\sin\beta=\frac{1}{2}\{\sin(\alpha+\beta)-\sin(\alpha-\beta)\}$

(3) $\cos\alpha\cos\beta=\frac{1}{2}\{\cos(\alpha+\beta)+\cos(\alpha-\beta)\}$

(4) $\sin\alpha\sin\beta=-\frac{1}{2}\{\cos(\alpha+\beta)-\cos(\alpha-\beta)\}$

예제 4.3.5

다음 식의 값을 구하여라.

(1) $\sin75°\cos15°$　　　(2) $\cos37.5°\cos7.5°$

#풀이 (1)
$$\begin{aligned}\sin75°\cos15°&=\frac{1}{2}\{\sin(75°+15°)+\sin(75°-15°)\}\\&=\frac{1}{2}(\sin90°+\sin60°)\\&=\frac{1}{2}\left(1+\frac{\sqrt{3}}{2}\right)=\frac{2+\sqrt{3}}{4}\end{aligned}$$

(2)
$$\begin{aligned}\cos37.5°\cos7.5°&=\frac{1}{2}\{\cos(37.5°+7.5°)+\cos(37.5°-7.5°)\}\\&=\frac{1}{2}(\cos45°+\cos30°)\\&=\frac{1}{2}\left(\frac{\sqrt{2}}{2}+\frac{\sqrt{3}}{2}\right)=\frac{\sqrt{2}+\sqrt{3}}{4}\end{aligned}$$

문제 4.3.6 다음 식의 값을 구하여라.

(1) $\cos 75° \sin 15°$ (2) $\sin 52.5° \sin 7.5°$

삼각함수의 합 또는 차를 곱의 꼴로 나타내어 보자.

곱을 합 또는 차로 고치는 공식

$$\sin\alpha\cos\beta = \frac{1}{2}\{\sin(\alpha+\beta)+\sin(\alpha-\beta)\}$$

에서 $\alpha+\beta=A$, $\alpha-\beta=B$로 놓으면

$$\alpha = \frac{A+B}{2},\ \beta = \frac{A-B}{2}$$

이므로

$$\sin A + \sin B = 2\sin\frac{A+B}{2}\cos\frac{A-B}{2}$$

를 얻는다.

같은 방법으로 다음과 같은 합 또는 차를 곱으로 고치는 공식을 얻는다.

정리 4.3.5

(1) $\sin A + \sin B = 2\sin\frac{A+B}{2}\cos\frac{A-B}{2}$

(2) $\sin A - \sin B = 2\cos\frac{A+B}{2}\sin\frac{A-B}{2}$

(3) $\cos A + \cos B = 2\cos\frac{A+B}{2}\cos\frac{A-B}{2}$

(4) $\cos A - \cos B = -2\sin\frac{A+B}{2}\sin\frac{A-B}{2}$

◆ 보기

$$\begin{aligned}\sin 75° + \sin 15° &= 2\sin\frac{75°+15°}{2}\cos\frac{75°-15°}{2} \\ &= 2\sin 45° \cos 30° \\ &= 2\cdot\frac{\sqrt{2}}{2}\cdot\frac{\sqrt{3}}{2} = \frac{\sqrt{6}}{2}\end{aligned}$$

문제 4.3.7 다음 식의 값을 구하여라.

(1) $\sin 105° + \sin 15°$　　　　(2) $\cos 75° + \cos 15°$

4 삼각형의 넓이

삼각형에서 두 변의 길이와 끼인각의 크기가 주어졌을 때, 넓이를 구하는 방법을 알아보자.

오른쪽 그림과 같이 B가 예각인 $\triangle ABC$의 꼭짓점 A에서 그 대변에 내린 수선의 발을 H라 하고, $\overline{AH} = h$라고 하면

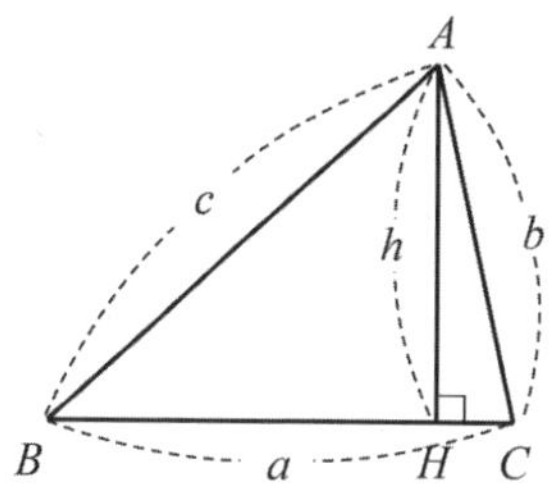

$$h = c\sin B$$

따라서 $\triangle ABC$의 넓이 S는

$$S = \frac{1}{2}ah = \frac{1}{2}ac\sin B$$

이것은 B가 직각인 경우와 둔각인 경우에도 성립한다.

이상을 정리하면 다음과 같다.

정리 4.3.6

$\triangle ABC$의 넓이를 S라고 하면

$$S = \frac{1}{2}ab\sin C = \frac{1}{2}bc\sin A = \frac{1}{2}ac\sin B$$

◆ **보기**　$b = 5$, $c = 8$, $\angle A = 120°$일 때, $\triangle ABC$의 넓이는

$$S = \frac{1}{2} \times 5 \times 8 \times \sin 120° = 20\sin 60° = 10\sqrt{3}$$

문제 4.3.8 다음 $\triangle ABC$의 넓이를 구하여라.

(1) $b=6$, $c=8$, $\angle A=150°$ (2) $a=3\sqrt{2}$, $c=6$, $\angle B=135°$

5 사인 법칙과 코사인 법칙

삼각형의 변의 길이와 각의 사인 사이의 관계를 알아보자.

오른쪽 그림과 같은 $\triangle ABC$의 넓이를 S라고 하면

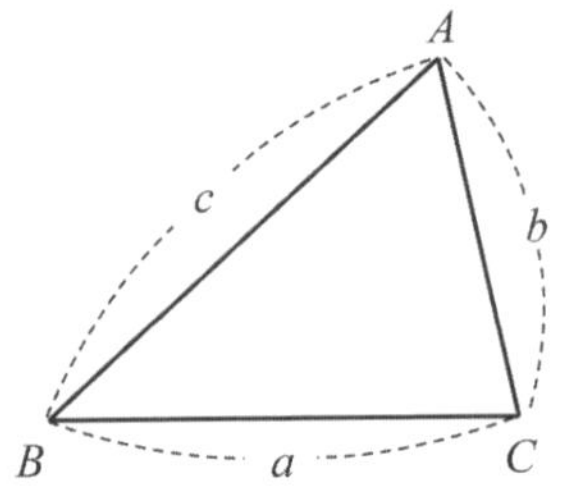

$$S=\frac{1}{2}ab\sin C=\frac{1}{2}bc\sin A=\frac{1}{2}ac\sin B$$

위의 각 변을 $\frac{1}{2}abc$로 나누면

$$\frac{\sin C}{c}=\frac{\sin A}{a}=\frac{\sin B}{b}$$

각 변의 역수를 취하면

$$\frac{c}{\sin C}=\frac{a}{\sin A}=\frac{b}{\sin B}$$

일반적으로 $\triangle ABC$에서 다음의 사인 법칙이 성립한다.

정리 4.3.7

$\triangle ABC$에서

$$\frac{a}{\sin A}=\frac{b}{\sin B}=\frac{c}{\sin C}$$

예제 4.3.6

오른쪽 그림과 같이 $\triangle ABC$에서

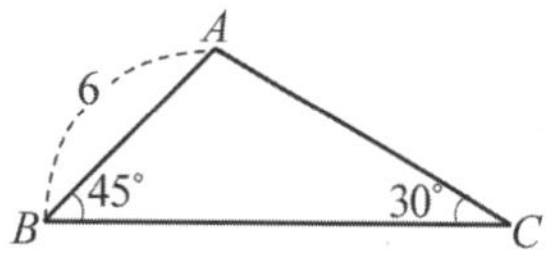

$$B=45°,\ C=30°,\ \overline{AB}=6$$

일 때, $\overline{AC}$의 길이를 구하여라.

풀이 사인 법칙 $\dfrac{\overline{AC}}{\sin B}=\dfrac{\overline{AB}}{\sin C}$에서 $\dfrac{\overline{AC}}{\sin 45°}=\dfrac{6}{\sin 30°}$이므로

$$\overline{AC}=\sin 45°\times\frac{6}{\sin 30°}=\frac{\sqrt{2}}{2}\times\frac{6}{\frac{1}{2}}=6\sqrt{2}$$

예제 4.3.7

오른쪽 그림과 같이 $\triangle ABC$에서

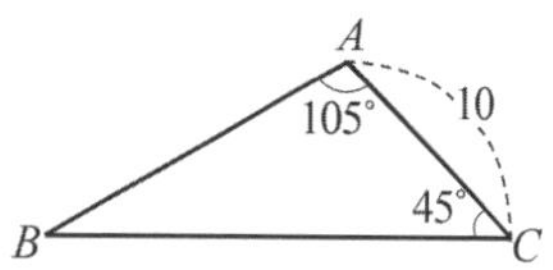

$$\angle A=105°,\ \angle C=45°,\ \overline{AC}=10$$

일 때, $\overline{AB}$의 길이를 구하여라.

풀이 $\triangle ABC$에서 $\angle B=180°-(105°+45°)=30°$

사인 법칙 $\dfrac{\overline{AC}}{\sin B}=\dfrac{\overline{AB}}{\sin C}$에서 $\dfrac{10}{\sin 30°}=\dfrac{\overline{AB}}{\sin 45°}$이므로

$$\overline{AB}=\sin 45°\times\frac{10}{\sin 30°}=\frac{\sqrt{2}}{2}\times\frac{10}{\frac{1}{2}}=10\sqrt{2}$$

문제 4.3.9 $\triangle ABC$에서 $\angle A=60°$, $\angle B=45°$, $\overline{BC}=10$일 때, $\overline{AC}$의 길이를 구하여라.

문제 4.3.10 $\triangle ABC$에서 $\angle A=45°$, $\angle B=75°$, $\overline{BC}=15$일 때, $\overline{AB}$의 길이를 구하여라.

두 변의 길이와 끼인각의 크기가 주어진 삼각형에서 다른 한 변의 길이를 구하는 방법에 대하여 알아보자.

$\triangle ABC$의 꼭짓점 A에서 밑변 BC 또는 그 연장선에 내린 수선의 발을 H라 하고, $\angle B$의 크기에 따라 다음 세 가지 경우로 나누어 생각해 보자.

(i) $\angle B$가 예각일 때

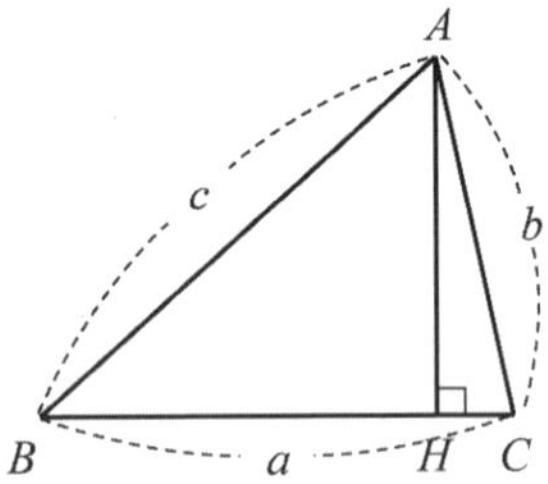

$$\overline{AH} = c\sin B$$
$$\overline{BH} = c\cos B$$

이므로

$$\overline{CH} = a - c\cos B$$

피타고라스의 정리에 의하여 $\overline{AC}^2 = \overline{AH}^2 + \overline{CH}^2$이므로

$$\begin{aligned} b^2 &= (c\sin B)^2 + (a - c\cos B)^2 \\ &= a^2 + c^2 - 2ac\cos B \end{aligned}$$

(ii) $\angle B$가 직각일 때

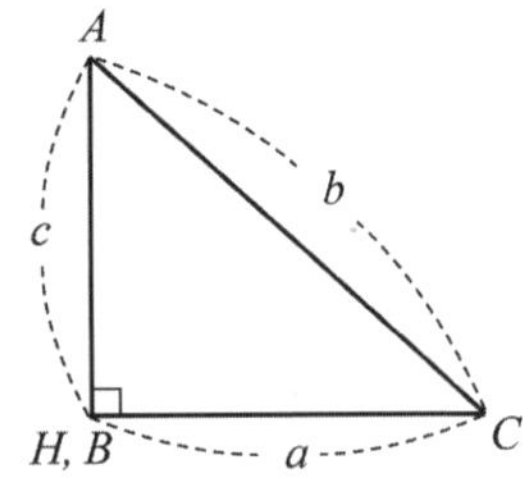

$\cos B = \cos 90° = 0$이므로

$$\begin{aligned} b^2 &= a^2 + c^2 \\ &= a^2 + c^2 - 2ac\cos B \end{aligned}$$

(iii) $\angle B$가 둔각일 때

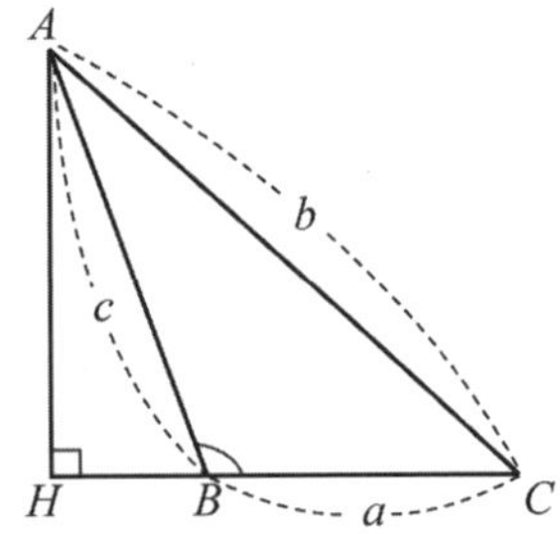

$$\overline{AH} = c\sin(180° - B) = c\sin B$$
$$\overline{BH} = c\cos(180° - B) = -c\cos B$$

이므로

$$\overline{CH} = a - c\cos B$$

피타고라스의 정리에 의하여 $\overline{AC}^2 = \overline{AH}^2 + \overline{CH}^2$이므로

$$b^2 = (c\sin B)^2 + (a - c\cos B)^2$$
$$= a^2 + c^2 - 2ac\cos B$$

(i), (ii), (iii)에 의하여 $b^2 = a^2 + c^2 - 2ac\cos B$가 성립한다.

같은 방법으로 다음을 구할 수 있다.

$$a^2 = b^2 + c^2 - 2bc\cos A$$
$$c^2 = a^2 + b^2 - 2ab\cos C$$

일반적으로 $\triangle ABC$에서 다음의 **코사인 법칙**(law of cosine)이 성립한다.

정리 4.3.8

$\triangle ABC$에서

(1) $a^2 = b^2 + c^2 - 2bc\cos A$

(2) $b^2 = a^2 + c^2 - 2ac\cos B$

(3) $c^2 = a^2 + b^2 - 2ab\cos C$

예제 4.3.8

다음 그림과 같이 $\triangle ABC$에서 $b = 6$, $c = 5$, $\angle A = 60°$일 때, a의 값을 구하여라.

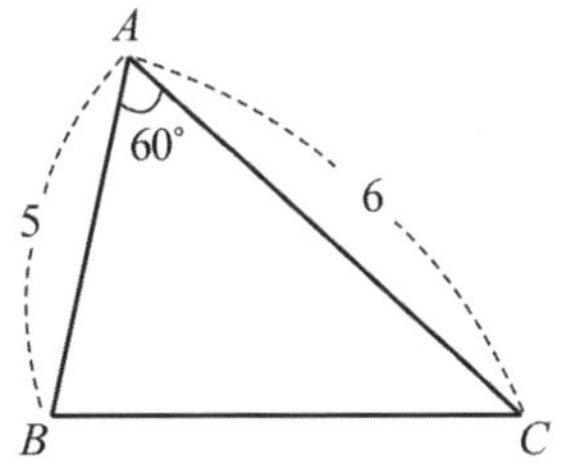

#풀이 코사인 법칙에 의해

$$a^2 = 6^2 + 5^2 - 2 \cdot 6 \cdot 5\cos 60°$$
$$= 6^2 + 5^2 - 2 \cdot 6 \cdot 5 \cdot \frac{1}{2} = 31$$

$a > 0$이므로 $a = \sqrt{31}$

예제 4.3.9

$\triangle ABC$에서 $a=7$, $b=6$, $c=5$일 때, $\cos B$의 값을 구하여라.

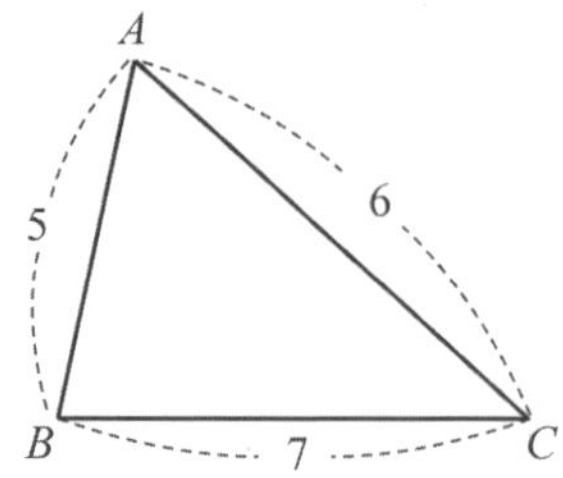

풀이 코사인 법칙에 의하여

$$\cos B = \frac{a^2+c^2-b^2}{2ac} = \frac{7^2+5^2-6^2}{2\cdot 7\cdot 5} = \frac{19}{35}$$

문제 4.3.11 $\triangle ABC$에서 다음을 구하여라.

(1) $b=4\sqrt{2}$, $c=5$, $\angle A=45°$일 때, a의 값

(2) $b=3$, $c=4$, $\angle A=120°$일 때, a의 값

문제 4.3.12 다음 세 변의 길이로 $\triangle ABC$의 $\angle A$의 크기를 구하여라.

(1) $a=13$, $b=12$, $c=5$ (2) $a=13$, $b=7$, $c=8$

4.4 삼각방정식과 삼각부등식

1 삼각방정식

삼각방정식(trigonometric function)은 각의 크기가 미지수인 삼각함수를 포함하는 방정식이다.

삼각방정식을 만족시키는 미지수의 값 중에서 일반각으로 나타낸 해를 그 삼각방정식

의 일반해(general solution)라고 하며, 이에 대하여 특정한 범위 안에서 구한 해를 그 삼각방정식의 특수해(trigonometric function)라고 한다.

예를 들어, $\sin x = \frac{1}{2}$을 만족시키는 x의 값은 $0 \le x < 2\pi$의 범위에서 $x = \frac{\pi}{6}$ 또는 $x = \frac{5}{6}\pi$이고, 이것은 이 삼각방정식의 특수해이다.

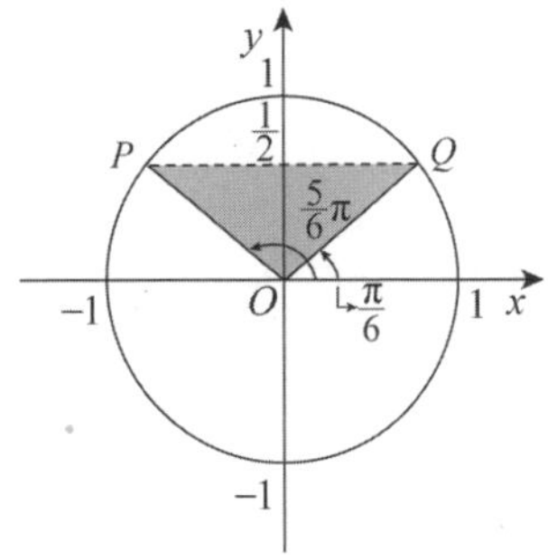

여기서 $y = \sin x$는 주기가 2π인 주기함수이므로, 구하는 일반각은

$$x = 2n\pi + \frac{\pi}{6} \text{ 또는 } x = 2n\pi + \frac{5}{6}\pi = (2n+1)\pi - \frac{\pi}{6}$$

(단, n은 정수)

와 같이 나타낼 수 있으므로 이 방정식의 일반해는

$$x = n\pi + (-1)^n \frac{\pi}{6} \text{ (단, } n\text{은 정수)}$$

이다.

예제 4.4.1

삼각방정식 $\cos x = \frac{1}{2}$의 해를 구하여라. (단, $0 \le x < 2\pi$)

#풀이 $y = \cos x$의 그래프에서 $y = \frac{1}{2}$인 x의 값을 구하면

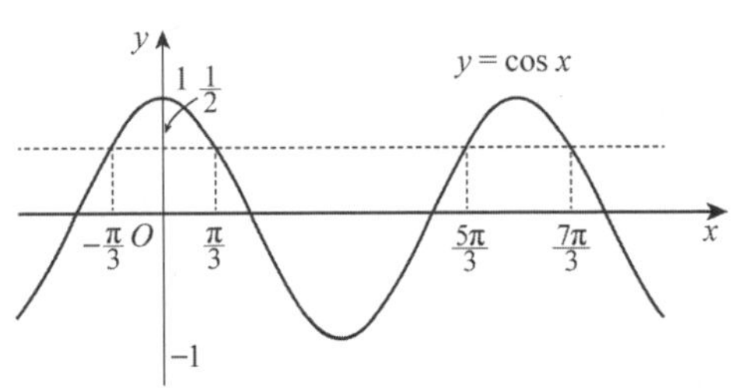

$$\therefore\ x = \frac{\pi}{3},\ \frac{5}{3}\pi$$

문제 4.4.1 다음 삼각방정식의 해를 구하여라. (단, $0 \le x < 2\pi$)

(1) $\sin x = -\frac{1}{2}$ (2) $\cos x = \frac{\sqrt{3}}{2}$ (3) $\tan x = 1$

예제 4.4.2

삼각방정식 $2\sin^2 x + 3\sin x - 2 = 0$을 풀어라. (단, $0 \le x < 2\pi$)

#풀이 주어진 방정식은 $(2\sin x - 1)(\sin x + 2) = 0$이므로

$$\sin x = \frac{1}{2} \text{ 또는 } \sin x = -2$$

그런데 $|\sin x| \le 1$이므로 $\sin x = \frac{1}{2}$

$$\therefore\ x = \frac{\pi}{6},\ \frac{5}{6}\pi$$

문제 4.4.2 다음 삼각방정식을 풀어라. (단, $0 \le x < 2\pi$)

(1) $2\cos^2 x + 3\sin x - 2 = 0$

(2) $2\cos^2 x + \cos x - 1 = 0$

(3) $\cos 2x - 3\sin x + 1 = 0$

(4) $\cos 3x + \cos x = \cos 2x$

2 삼각부등식

삼각부등식(trigonometric inequality) 각의 크기가 미지수인 삼각함수를 포함하는 부등식이다.

예제 4.4.3

삼각부등식 $\cos x < \frac{1}{\sqrt{2}}$을 만족시키는 x의 값의 범위를 구하여라.
(단, $0 \le x < 2\pi$)

#풀이 삼각함수 $y = \cos x$와 직선 $y = \frac{1}{\sqrt{2}}$을 그리면 다음과 같다.

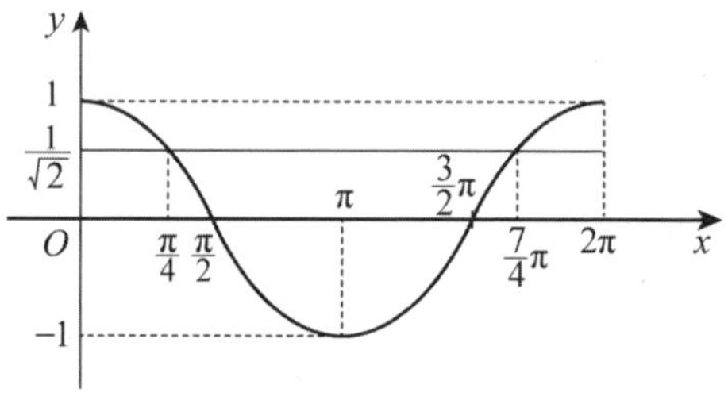

두 그래프의 교점의 x좌표는 $\frac{\pi}{4}$, $\frac{7}{4}\pi$

구하는 해는 $y = \cos x$의 그래프가 $0 \leq x < 2\pi$의 범위에서 직선 $y = \frac{1}{\sqrt{2}}$의 아랫부분에 있는 x의 값의 범위이므로

$$\frac{\pi}{4} < x < \frac{7}{4}\pi$$

문제 4.4.3 다음 삼각부등식을 풀어라. (단, $0 \leq x < 2\pi$)

(1) $\sin x > \frac{\sqrt{3}}{2}$

(2) $\tan x > 1$

(3) $2\sin x + 1 < 0$

(4) $2\cos x < \sqrt{3}$

예제 4.4.4

삼각부등식 $\cos^2 x + \sin x - 1 < 0$을 풀어라. (단, $0 \leq x < 2\pi$)

#풀이 $\cos^2 x = 1 - \sin^2 x$이므로 주어진 방정식은

$$1 - \sin^2 x + \sin x - 1 < 0$$
$$\sin^2 x - \sin x > 0$$
$$\sin x(\sin x - 1) > 0$$

부등식을 풀면 $\sin x < 0$ 또는 $\sin x > 1$

그런데 $|\sin x| \leq 1$이므로 $\sin x < 0$

$$\therefore \ \pi < x < 2\pi$$

문제 4.4.4 다음 삼각부등식을 풀어라. (단, $0 \leq x < 2\pi$)

(1) $2\cos^2 x + 3\sin x - 2 < 0$

(2) $2\sin^2 x - 3\cos x \geq 0$

CHAPTER 4 연습문제

01. 다음에서 육십분법은 호도법으로, 호도법은 육십분법으로 나타내어라.

(1) $15°$ (2) $-420°$

(3) $\frac{25}{6}\pi$ (4) $-\frac{\pi}{10}$

02. $0 \le \theta < \pi$이고, $\cos\theta = -\frac{1}{3}$일 때, $\sin\theta$, $\tan\theta$의 값을 구하여라.

03. 좌표평면 위의 점 $P(5,\ 12)$에 대하여 동경 OP가 x축의 양의 방향과 이루는 각의 크기를 θ라고 할 때, $\sin\theta$, $\cos\theta$, $\tan\theta$의 값을 구하여라.

04. 다음 값을 구하여라.

(1) θ가 제2사분면의 각이고, $\sin\theta = \frac{3}{4}$일 때, $\cos\theta$, $\tan\theta$의 값

(2) θ가 제3사분면의 각이고, $\cos\theta = -\frac{3}{4}$일 때, $\sin\theta$, $\tan\theta$의 값

(3) $\pi < \theta < 2\pi$이고, $\tan\theta = 2$일 때, $\sin\theta$, $\cos\theta$의 값

05. $\cos\theta = -\frac{1}{2}$ $\left(\pi < \theta < \frac{3}{2}\pi\right)$일 때, $\sin\theta$, $\tan\theta$의 값을 구하여라.

06. 다음 함수의 그래프를 그리고, 그 주기를 구하여라.

(1) $y = \sin\left(2x - \frac{\pi}{3}\right)$ (2) $y = \cos\left(x - \frac{\pi}{6}\right)$

(3) $y = 2\cos\left(x - \frac{\pi}{4}\right) + 1$ (4) $y = \tan 3x + 1$

07. 삼각함수 $y = 2\sin 3x + 4$의 주기, 최댓값과 최솟값을 구하여라.

08. 다음 삼각함수의 값을 구하여라.

(1) $\sin 105°$ (2) $\cos 15°$ (3) $\tan 75°$

09. 다음 삼각함수의 값을 구하여라.

(1) $\sin 20° \sin 40° \sin 80°$ (2) $\cos 20° \cos 40° \cos 80°$

(3) $\sin 80° - \sin 40° - \sin 20°$ (4) $\cos 20° - \cos 40° - \cos 80°$

10. 삼각함수의 덧셈정리를 이용하여 다음 값을 구하여라.

(1) $\cos \frac{\pi}{12}$ (2) $\sin \frac{5}{12}\pi$ (3) $\tan \frac{7}{12}\pi$

11. α는 제1사분면, β는 제2사분면의 각이고, $\sin\alpha = \frac{4}{5}$, $\cos\beta = -\frac{5}{13}$일 때, 다음 값을 구하여라.

(1) $\cos\alpha$ (2) $\sin\beta$

(3) $\sin(\alpha+\beta)$ (4) $\cos(\alpha+\beta)$

12. $\sin\alpha + \sin\beta = 1$, $\cos\alpha + \cos\beta = \frac{1}{2}$일 때 $\cos(\alpha-\beta)$의 값을 구하여라.

13. $0 < \alpha < \frac{\pi}{2}$이고, $\sin\alpha = \frac{3}{5}$일 때, 다음 값을 구하여라.

(1) $\sin 2\alpha$ (2) $\cos 2\alpha$ (3) $\tan 2\alpha$

(4) $\sin\frac{\alpha}{2}$ (5) $\cos\frac{\alpha}{2}$ (6) $\tan\frac{\alpha}{2}$

14. 두 변의 길이가 6, 8이고 그 끼인각의 크기가 $60°$인 삼각형의 넓이를 구하여라.

15. $\overline{AB} = 4\sqrt{2}$, $\overline{AC} = 4$, $\angle C = 45°$인 $\triangle ABC$에서 $\sin B$의 값을 구하여라.

16. $\triangle ABC$에서 다음을 구하여라.

(1) $\overline{AB}=4$, $\overline{AC}=5$, $\angle A=60°$일 때, $\overline{BC}$의 길이

(2) $\overline{AB}=40$, $\overline{AC}=32$, $\angle A=58°$일 때, $\overline{BC}$의 길이

(단, $\cos 58° = 0.5299$로 하고, 계산값은 소수 둘째 자리에서 반올림한다.)

17. $\triangle ABC$에서 $\overline{AB}=6$, $\overline{AC}=8$이고, 넓이는 $12\sqrt{2}$이다. 이때 $\angle A$의 크기를 구하여라. (단, $\angle A$는 예각이다.)

18. 세 변의 길이가 다음과 같은 $\triangle ABC$에서 가장 큰 각의 크기를 A라고 할 때, $\cos A$의 값을 구하여라.

(1) 4, 5, 6 (2) 4, 3, 2

19. 다음 삼각방정식을 풀어라. (단, $0 \le x < 2\pi$)

(1) $2\sin x - 4\sin x \cdot \cos^2 x - \cos 2x + 1 = 0$

(2) $\sec^2 x + \left(\dfrac{1}{\sqrt{3}} - \sqrt{3}\right)\tan x - 2 = 0$

(3) $\sin 2x = \cos x$

(4) $\sin 2x - \sin x = 4\cos x - 2$

20. 다음 삼각부등식을 풀어라. (단, $0 \le x < 2\pi$)

(1) $\cos 2x - 3\sin x + 1 \le 0$ (2) $\sin x < \sin 2x$

(3) $2\sin^2 x + 5\cos x - 4 \le 0$ (4) $\tan^2 x - (\sqrt{3} - 1)\tan x - \sqrt{3} < 0$

해답

1 식의 계산

문제 1.0.1 (1) $8x^2+2x$ (2) $12x^2-3y$ (3) $9x^2-4x+\frac{1}{3}$ (4) $6x^2+5x-\frac{1}{7}$

(5) $-x^2-x+\frac{1}{5}$ (6) $10x^2-3x+2$

문제 1.1.1 (1) $A+2B=-x^2+6x-1$, $2A-3B=12x^2-23x+19$

(2) $A+2B=5x^2-16xy+19y^2$, $2A-3B=3x^2+10xy-11y^2$

문제 1.1.2 (1) $x^4+2x^3+x^2+4x+4$ (2) $x^2-4y^2+12y-9$

문제 1.1.3 (1) $4x^2+9y^2+z^2+12xy-6yz-4xz$

(2) x^3-8y^3 (3) $27x^3-54x^2+36x-8$ (4) $8x^3+27y^3$

문제 1.1.4 (1) $ab(b-a)$ (2) $(4a-3b)^2$ (3) $(3x+y)^2$ (4) $4(x+5y)(x-5y)$

(5) $(x-7)(x-2)$ (6) $(x+6)(x+1)$

(7) $(3x+y)(x+2y)$ (8) $(x+1)^3$

(9) $(x^2+1)(x+1)(x-1)$ (10) $(2x-y)(4x^2+2xy+y^2)$

문제 1.1.5 (1) $(x+y-2z)(x+y+z)$ (2) $(x+y)(x-y)(x+z)$

(3) $(1+2x-y)(1-2x+y)$ (4) $-(x^2-y^2+2xy)(x^2-y^2-2xy)$

(5) $(x^2+5x+5)^2$ (6) $(x-1)^4$

(7) $(2x+1)(2x-1)(x+1)(x-1)$ (8) $(x^2+x+5)(x^2-x+5)$

문제 1.2.1 (1) 몫:$x+2$ 나머지:-4 (2) 몫:$3x$ 나머지:$8x+2$

(3) 몫:x^2-x-8 나머지:-8 (2) 몫:$x-1$ 나머지:$2x-4$

문제 1.2.2 $a=-1,\ b=-1,\ c=5$

문제 1.2.3 $a=-\frac{5}{2},\ b=-\frac{1}{2}$

문제 1.3.1 (1) 68 (2) 4 (3) 3 (4) -2

문제 1.3.2 $a=2,\ b=-1$

문제 1.3.3 (1) $(x-1)(x+2)^2$ (2) $(x-1)(x-2)(x-3)$

(3) $(x-1)(x-2)(x^2+x+1)$ (4) $(x-1)(x+3)(x^2+2x-5)$

문제 1.4.1 (1) $\frac{x-4}{(x+2)(x-1)}$ (2) $\frac{x-2}{x-4}$ (3) $\frac{x+1}{x+2}$ (4) $\frac{x^2-xy+y^2}{x^2+y^2}$

문제 1.4.2 (1) $\frac{4(x^2+10x+28)}{(x+4)(x+8)(x+2)(x+6)}$ (2) $\frac{b+c+d}{a(a+b+c+d)}$

(3) $\frac{x+1}{x(x-4)}$ (4) $\frac{1}{x}$

문제 1.4.3 (1) $-1 \le x \le 1$ (2) $x \ge 2$

문제 1.4.4 (1) $5+\sqrt{14}$ (2) $-\frac{2\sqrt{3}+3\sqrt{2}}{6}$

(3) -2 (4) $\frac{\sqrt{6}}{2}$

문제 1.4.5 (1) $\frac{2(x+3)}{x-3}$ (2) $2x+1+2\sqrt{x^2+x}$

1장 연습문제

01. $x^2+2xy+y^2-x-y-12$
02. $4\sqrt{2}$
03. $-\frac{15}{4}$
04. $7+3\sqrt{7}$
05. 1
06. -4
07. 8
08. $2(x-y-3)(x-y+4)$
09. $x-2$
10. $6x+4$
11. $x(x-y)(x-1)$
12. $(a-b-3)(a-b+1)$
13. $2a(a^2+3b^2+3c^2-6bc)$
14. 20
15. 2
16. $p=-1,\ q=-\frac{1}{2},\ r=-1$
17. 25
18. $a=1,\ b=-1,\ c=2$
19. $a=-2,\ b=1$
20. 5
21. -1
22. $(a+b-c)(a-b+c)$
23. $(a+b-1)(a^2-2a+1-ab+b+b^2)$
24. $(a-b+2c)(a+b+c)$
25. $(a+b+c)(a+b-c)(a-b+c)(a-b-c)$
26. $(a+1)(a-2)(a^2+2a+4)(a^2-a+1)$
27. $(x+3)(x-2)(x+2)(x-1)$
28. (1) $\frac{2(2x+5)}{(x+1)(x+2)(x+3)(x+4)}$ (2) $\frac{(a+b)(a-c)}{(a-b)(a-b-c)}$

(3) $\frac{(x+1)^2}{x^2+x-1}$ (4) $\frac{x^2+1}{x^2+2x-1}$

29. 24

30. (1) 1 (2) $2\sqrt{3}$ (3) 10

2 방정식과 부등식

문제 2.1.1 (1) $x=2$ (2) $x=-\frac{5}{8}$ (3) $x=\frac{3}{2}$ (4) $x=-\frac{1}{5}$

문제 2.2.1 (1) $x=-5, -1$ (2) $x=-4, 4$ (3) $x=-\frac{1}{3}, \frac{5}{2}$ (4) $x=1$

문제 2.2.2 (1) $x=4,\ y=-2$ (2) $x=2,\ y=3$

(3) $x=3,\ y=-2$ (4) $x=1,\ y=-2$

문제 2.2.3 (1) $6+4i$ (2) $2+\sqrt{3}i$ (3) $5+10i$ (4) $-\frac{1+3\sqrt{3}i}{4}$

문제 2.2.4 (1) 1 (2) 20

문제 2.2.5 (1) $x=-1\pm\sqrt{5}$, 실근 (2) $x=-1\pm\sqrt{3}i$, 허근

(3) $x=\frac{1}{2}, 1$, 실근 (4) $x=\frac{5\pm\sqrt{7}i}{8}$, 허근

문제 2.2.6 (1) 서로 다른 두 실근 (2) 서로 다른 두 허근

(3) 중근 (4) 서로 다른 두 허근

문제 2.2.7 (1) 합:5 곱:-3 (2) 합:$-\frac{3}{7}$ 곱:$-\frac{1}{7}$

(3) 합:1 곱:$\frac{1}{4}$ (4) 합:0 곱:$\frac{4}{5}$

문제 2.2.8 (1) 1 (2) -7 (3) $\frac{1}{4}$

문제 2.2.9 (1) $x^2-x-2=0$ (2) $x^2-\frac{1}{6}x-\frac{1}{6}=0$

(3) $x^2-4x+1=0$

문제 2.3.1 (1) $x=-2, 1\pm\sqrt{3}i$ (2) $x=-3, 1, 2$

(3) $x=0, \pm2$ (4) $x=\frac{-1\pm\sqrt{5}}{2}, 2$

문제 2.3.2 (1) $x=\pm1, \pm i$ (2) $x=\pm1, 1\pm\sqrt{2}i$

(3) $x=\pm 1,\ \pm\frac{\sqrt{6}}{2}$　　(4) $x=\pm 1,\ \pm\sqrt{5}\,i$

문제 2.3.3　(1) $x=2$　(2) $x=2$　(3) $x=-2, 3$　(4) $x=\frac{7}{2}$

문제 2.3.4　(1) $x=3$　(2) $x=2$　(3) $x=7$　(4) $x=2$

문제 2.3.5　(1) $x=2, y=-2$　(2) 해가 없다

(3) $x=3, y=2, z=1$　(4) $x=-2, y=0, z=1$

문제 2.3.6　(1) $\begin{cases} x=3 \\ y=1 \end{cases}$, $\begin{cases} x=-\frac{17}{9} \\ y=\frac{31}{9} \end{cases}$

(2) $\begin{cases} x=-\sqrt{6} \\ y=-\sqrt{6} \end{cases}$, $\begin{cases} x=\sqrt{6} \\ y=\sqrt{6} \end{cases}$, $\begin{cases} x=-2\sqrt{2} \\ y=-\sqrt{2} \end{cases}$, $\begin{cases} x=2\sqrt{2} \\ y=\sqrt{2} \end{cases}$

문제 2.4.1　(1) $-1\le 2x+3\le 9$　(2) $1\le 10-3x\le 16$

문제 2.4.2　(1) $x>\frac{3}{4}$　(2) $x\le -11$　(3) $x\ge 17$　(4) $x\le\frac{11}{13}$

문제 2.4.3　(1) $2<x<4$　(2) $x\le -\frac{5}{3},\ x\ge\frac{7}{3}$

(3) $x<-1,\ x>2$　(4) 해가 없다

문제 2.4.4　(1) $x<-3,\ x>1$　(2) $-3<x<4$

(3) $x\le -1, x\ge\frac{7}{2}$　(4) $1\le x\le 3$

문제 2.4.5　(1) $x\ne -1$ 인 모든 실수　(2) 모든 실수

문제 2.4.6　(1) 모든 실수　(2) 해가 없다　(3) 모든 실수　(4) 해가 없다

문제 2.4.7　(1) $-1<k<0$　(2) $k<-\frac{1}{3},\ k>1$

문제 2.4.8　(1) $-1<x<1,\ x>3$　(2) $x<1,\ 2<x<3$

(3) $-4\le x\le -3,\ x\ge 6$　(4) $x\le -7,\ -3\le x\le 1$

문제 2.4.9　(1) $x>1$　(2) $x<\frac{1}{2}$

(3) $-\sqrt{5}\le x\le -1,\ 1\le x\le\sqrt{5}$　(4) $x\le -5,\ -1\le x\le 1,\ x\ge 4$

문제 2.4.10　(1) $-3<x\le 1,\ x\ge 2$　(2) $-2<x\le 1,\ 4\le x<5$

(3) $-1<x<2$　(4) $1<x\le 2$

문제 2.4.11　(1) $\frac{1-\sqrt{3}}{2}<x<1$　(2) $-1\le x<1$

문제 2.4.12　(1) $-1\le x<8$　(2) $x<-2,\ x>\frac{1}{2}$

문제 2.4.13 (1) $-3 \le x \le \frac{1}{2}$ (2) $x < -2,\ 1 < x < 2$

(3) $\frac{17}{4} \le x < 5,\ 5 < x \le \frac{13}{2}$ (4) $1-\sqrt{2} \le x < 2,\ 2 < x \le 3+\sqrt{2}$

문제 2.4.14 (1) $x < -2$ (2) $-\frac{8}{3} < x < -\frac{3}{2},\ x > 2$

문제 2.4.15 $-1, 0, 1, 2$

문제 2.4.16 3

문제 2.4.17 $-\sqrt{50}$

2장 연습문제

01. (1) $x=0, 3$ (2) $x=\frac{1\pm i}{2}$

(3) $x=\frac{1\pm\sqrt{11}i}{2}$ (4) $x=2\pm\sqrt{7}$

02. (1) $k=2, x=1$ (2) $k=3$일 때 $x=3$, $k=-2$일 때 $x=-2$

03. $k>4$

04. (1)합:4, 곱:3 (2)합:$-\frac{3}{2}$, 곱:-3

05. (1) $9x^2-30x+1=0$ (2) $2x^2-4x-1=0$

06. (1) $x=2, 1\pm\sqrt{2}$ (2) $x=-1, 1\pm 2i$

(3) $x=1$(삼중근), -1 (4) $x=-1, -3, 2$(중근)

07. (1) $a=-7$ (2) 0

08. (1) $a=-3, b=-6$ (2) $x=1$(중근)

09. (1) $x=4, 5$ (2) $x=-\frac{1}{5}$ (3) $x=1$ (4)$x=-\frac{11}{3}$

10. (1) $x=2$ (2) $x=-1, -4$ (3) $x=-1$ (4) $x=\frac{17}{21}$

11. $x=-1, 2,\ a=\frac{3}{2}$

12. $k=\frac{13}{4},\ x=-\frac{11}{4}$

13. (1) $\begin{cases}x=2\\y=2\end{cases}, \begin{cases}x=-2\\y=-2\end{cases}$ (2) $\begin{cases}x=0\\y=-5\end{cases}, \begin{cases}x=4\\y=3\end{cases}$

(3) $\begin{cases}x=1\\y=2\end{cases}, \begin{cases}x=2\\y=1\end{cases}$ (4) $\begin{cases}x=1\\y=3\end{cases}, \begin{cases}x=3\\y=1\end{cases}$

14. (1) $0<x<3$ (2) $x<-2, x>3$

15. (1) $-\frac{5}{2}<x<3$ (2) $x<-\frac{2}{3},\ x>\frac{5}{2}$

(3) $-\frac{3}{2}\le x\le 0$ (4) $x<-\frac{3}{2},\ x>\frac{4}{3}$

16. (1) $-\frac{3}{2}<x<-1$ (2) $-3<x\le-1,\ \frac{3}{4}\le x<\frac{3}{2}$

17. $k<1, k>5$

18. $n=0,4$

19. (1) $1\le x\le 4,\ x\ge 5$ (2) $x<2$

(3) $x\le 1,\ x\ge 2$ (4) $0<x<1,\ 3<x<4$

20. (1) $-\frac{1}{2}<x<\frac{-1+\sqrt{5}}{2},\ 1<x<4$ (2) $-2\le x<-1,\ 1<x\le 3$

21. (1) $-1<x<4$ (2) $1<x<2$

(3) $x<-2,\ 1<x<3$ (4) $-6<x<-2,\ 1<x<2$

22. $x=0, 2$

23. a의 최댓값: -1, b의 최솟값: $-\frac{1}{5}$

24. -36

3 함수

문제 3.1.1 (1) 정의역: 실수 전체 치역: 실수 전체

(2) 정의역: 실수 전체 치역=$\{y\mid y\le 1\}$

(3) 정의역=$\{x\mid x\ne 3$ 인 실수$\}$ 치역=$\{y\mid y\ne 0$ 인 실수$\}$

문제 3.1.2 (1) -1 (2) 34 (3) $-\frac{7}{4}$ (4) $-\frac{14}{9}$

(5) a^2-2 (6) a^2-2 (7) $a^2+2ah+h^2-2$

(8) $a^2-2ah+h^2-2$

문제 3.1.3 (1) 같은 함수 (2) 같은 함수

문제 3.1.4 생략

문제 3.1.5 (1) $f(x)=3x-1$

문제 3.1.6 생략

문제 3.1.7 (1) 1 (2) -3 (3) 0 (4) -2

문제 3.1.8 (1) $(f\circ g)(x)=6x-1$, $(g\circ f)(x)=6x-8$

(2) $(f \circ g)(x) = 5x^2 - 11$, $(g \circ f)(x) = 25x^2 - 10x - 1$

문제 3.1.9 생략

문제 3.1.10 (1) f: 일대일대응 (2) $f(2) = 9$, $f^{-1}(5) = -1$

(3) $(f^{-1} \circ f)(2) = 2$, $(f \circ f^{-1})(5) = 5$

문제 3.1.11 (1) $y = x - 2$ (2) $y = \frac{1}{3}x - \frac{7}{3}$ (3) $y = -2x + 6$

문제 3.1.12 (1) 역함수: $y = -\frac{1}{3}x + \frac{2}{3}$

(2) 일대일대응이 아니므로 역함수가 존재하지 않는다

문제 3.1.13 (1) $y = -\frac{1}{3}x + \frac{2}{3}$ (2) $y = 2x + 6$

문제 3.2.1 (1) $y = 5x - 3$ (2) $y = -\frac{2}{3}x + \frac{10}{3}$ (3) $y = 5$

문제 3.2.2 (1) $y = 2x - 5$ (2) $y = -3x - 9$ (3) $y = -\frac{3}{2}x + 3$ (4) $y = -2$

문제 3.2.3 생략

문제 3.2.4 (1) 축의 방정식: $x = -1$ 꼭짓점: $(-1, -3)$

(2) 축의 방정식: $x = -3$ 꼭짓점: $(-3, 6)$

문제 3.2.5 (1) 최솟값: -5 최댓값은 없다. (2) 최댓값: $\frac{11}{2}$ 최솟값은 없다.

문제 3.2.6 (1) 최댓값: 5 최솟값: -4 (2) 최댓값: 3 최솟값: -13

문제 3.2.7 (1) $k < -\frac{4}{3}$, $k > \frac{4}{3}$ (2) $k = \pm\frac{4}{3}$ (3) $-\frac{4}{3} < k < \frac{4}{3}$

문제 3.2.8 $a < -2$, $a > 2$

문제 3.2.9 생략

문제 3.3.1 (1) $\{x \mid x \neq 0$ 인 실수$\}$ (2) $\left\{x \mid x \neq \frac{1}{2}\right.$ 인 실수$\left.\right\}$

(3) $\left\{x \mid x \neq \frac{3}{2}\right.$ 인 실수$\left.\right\}$

문제 3.3.2 생략

문제 3.3.3 (1) 점근선: $x = 3$, $y = 0$ (2) 점근선: $x = 0$, $y = 1$

문제 3.3.4 (1) 점근선: $x = -2$, $y = 1$ (2) 점근선: $x = 2$, $y = 2$

문제 3.3.5 (1) $y = -\frac{x-4}{x-2}$ (2) $y = \frac{x-2}{x-3}$

문제 3.3.6 (1) $\{x \mid x \geq 1\}$ (2) $\left\{x \mid x \geq \frac{3}{2}\right\}$ (3) $\{x \mid x \leq 2\}$

문제 3.3.7　생략

문제 3.3.8　(1) 정의역: $\{x \mid x \geq 0\}$　치역: $\{y \mid y \leq 0\}$

(2) 정의역: $\{x \mid x \leq 0\}$　치역: $\{y \mid y \geq 0\}$

(3) 정의역: $\{x \mid x \leq 0\}$　치역: $\{y \mid y \leq 0\}$

문제 3.3.9　(1) 정의역: $\{x \mid x \geq 2\}$　치역: $\{y \mid y \geq -1\}$

(2) 정의역: $\{x \mid x \geq -2\}$　치역: $\{y \mid y \geq -2\}$

(3) 정의역: $\left\{x \mid x \geq -\frac{5}{2}\right\}$　치역: $\{y \mid y \leq 2\}$

(4) 정의역: $\{x \mid x \leq 2\}$　치역: $\{y \mid y \geq -3\}$

문제 3.3.10　(1) $y=\frac{1}{4}(x-1)^2+\frac{1}{2}\ (x \geq 1)$　(2) $y=\frac{1}{2}(x+1)^2-1\ (x \leq -1)$

문제 3.4.1　(1) a^{10}　(2) a^{20}　(3) $x^{14}y^6$　(4) x^8

문제 3.4.2　(1) 2　(2) 2　(3) 3　(4) 2

(5) -4　(6) -2　(7) 5　(8) 4

문제 3.4.3　(1) $\frac{1}{16}$　(2) 1　(3) $\frac{16}{81}$　(4) $\frac{9}{4}$

(5) 4　(6) 16　(7) $\frac{1}{8}$　(8) $\frac{1}{9}$

문제 3.4.4　(1) $\frac{1}{2}$　(2) 9　(3) $\frac{1}{64}$　(4) $256-\frac{1}{256}$

문제 3.4.5　(1) a　(2) $\sqrt{a}$　(3) $a^{\frac{1}{6}}$　(4) $a^{\frac{1}{12}}$

문제 3.4.6　생략

문제 3.4.7　생략

문제 3.4.8　(1) $x=2$　(2) $x=0$　(3) $x=-\frac{1}{2}$　(4) $x=1$

문제 3.4.9　(1) $x=0$　(2) $x=1$　(3) $x=0$　(4) $x=1$

문제 3.4.10　(1) $x>\frac{1}{2}$　(2) $x>-2$　(3) $x>-5$　(4) $x \geq \frac{1}{2}$

문제 3.4.11　(1) $x<2$　(2) $x>2$

문제 3.4.12　(1) $\log_2 4=2$　(2) $\log_5 \frac{1}{5}=-1$

(3) $\log_{\frac{1}{2}} \frac{1}{8}=3$　(4) $\log_{\frac{1}{3}} 27=-3$

문제 3.4.13　(1) $3^1=3$　(2) $4^{-1}=\frac{1}{4}$　(3) $5^3=125$　(4) $\left(\frac{1}{2}\right)^{-2}=4$

문제 3.4.14 (1) 4 (2) 0 (3) -3 (4) $\frac{3}{2}$

문제 3.4.15 (1) $x=8$ (2) $x=\frac{1}{100}$ (3) $x=3$ (4) $x=\frac{1}{2}$

문제 3.4.16 (1) -3 (2) $\frac{3}{2}$ (3) $-\frac{1}{2}$

문제 3.4.17 (1) $\frac{1}{6}$ (2) $\frac{3}{2}$ (3) 3 (4) 1

문제 3.4.18 $\frac{1}{2}(a+b+c)$

문제 3.4.19 생략

문제 3.4.20 생략

문제 3.4.21 (1) $x=18$ (2) $x=-1$ (3) $x=\frac{1}{6}$ (4) $x=\pm 2$

문제 3.4.22 (1) $x=3$ (2) $x=\frac{1}{8}, 1$ (3) $x=10,\ 1000$ (4) $x=\sqrt{10}, 1000$

문제 3.4.23 (1) $x>\frac{13}{4}$ (2) $-2<x<1$ (3) $x>2$ (4) $1<x<10$

3장 연습문제

01. 16

02. $a=-1, b=0$

03. 4

04. (1) $h(x)=-2x+1$ (2) $h(x)=-2x+9$

05. (1) $9x-2$ (2) $-6x+22$ (3) $4x-21$

06. (1) $a=\frac{4}{3}, b=-\frac{17}{3}$ (2) $a=-\frac{1}{3}, b=1$

07. (1) $y=\frac{1}{3}(x+1)$ (2) $y=\sqrt{x+3}$ (3) $y=\frac{1}{1-x}\ (x\neq 1)$

08. (1) $-\frac{1}{6}x+\frac{7}{6}$ (2) $-\frac{1}{6}x+\frac{7}{6}$

09. (1) $y=3x^2-6x+4$ (2) $y=x^2-4x+5$

10. (1) 최댓값: 3 최솟값: -6 (2) 최댓값: 11 최솟값: 1

(3) 최댓값: 5 최솟값: $-\frac{9}{8}$ (4) 최댓값: -1 최솟값: -33

11. $1<a<3$

12. (1) 6 (2) $\frac{1}{a}$ (3) 1 (4) $2x$

13. (1) $x=12$ (2) $x=1, 3$ (3) $x=1$ (4) $x=0, 3$

14. (1) $x \le 0,\ x \ge 2$ (2) $-3<x<5$ (3) $x \le 4$ (4) $x>4$

15. (1) $\log_5 3-4$ (2) 2 (3) $9-\log_2 3$ (4) 2
(5) 2 (6) 5

16. $\frac{2ab+a}{ab+a+1}$

17. (1) $\frac{2(1-a)}{a+b}$ (2) $\frac{a}{b}$

18. (1) $x=13+4\sqrt{7}$ (2) $x=2, \frac{1}{2}$
(3) $x=\frac{1}{2}, 8$ (4) $x=\frac{1}{9}, 243$

19. (1) $\frac{7}{4}<x\le 4$ (2) $\frac{1}{9}\le x\le 81$ (3) $3<x<5$ (4) $3<x<9$

4 삼각함수

문제 4.1.1 (1) 제1사분면 (2) 제2사분면 (3) 제3사분면 (4) 제1사분면

문제 4.1.2 (1) $\frac{\pi}{3}$ (2) $-\frac{2}{5}\pi$ (3) 20° (4) 360°

문제 4.1.3 $\sin\theta=\frac{8}{10}$, $\cos\theta=-\frac{6}{10}$, $\tan\theta=-\frac{8}{6}$

문제 4.1.4 $\sin\theta=-\frac{12}{13}$, $\tan\theta=-\frac{12}{5}$

문제 4.1.5 $\sin\theta=\frac{3}{\sqrt{10}}$, $\cos\theta=-\frac{1}{\sqrt{10}}$

문제 4.1.6 (1) $\frac{\sqrt{2}}{2}$ (2) $\frac{1}{2}$ (3) 1 (4) $\frac{\sqrt{3}}{2}$
(5) $\frac{\sqrt{2}}{2}$ (6) $\frac{\sqrt{3}}{3}$

문제 4.1.7 (1) $-\frac{\sqrt{2}}{2}$ (2) $-\frac{\sqrt{2}}{2}$ (3) $-\sqrt{3}$

문제 4.1.8　(1) $-\frac{\sqrt{3}}{2}$　(2) $-\frac{\sqrt{3}}{2}$　(3) $\sqrt{3}$

문제 4.1.9　(1) $\frac{\sqrt{2}}{2}$　(2) $-\frac{\sqrt{3}}{2}$　(3) $\frac{\sqrt{3}}{3}$

문제 4.2.1　(1) 주기:4π　(2) 주기:π

문제 4.2.2　(1) 주기:2π　(2) 주기:$\frac{\pi}{3}$

문제 4.3.1　(1) $\frac{\sqrt{6}-\sqrt{2}}{4}$　(2) $\frac{\sqrt{6}-\sqrt{2}}{4}$　(3) $2-\sqrt{3}$

문제 4.3.2　(1) $\frac{3+4\sqrt{3}}{10}$　(2) $\frac{3\sqrt{3}-4}{10}$　(3) $\frac{48+25\sqrt{3}}{11}$

문제 4.3.3　(1) $-\frac{4\sqrt{5}}{9}$　(2) $-\frac{1}{9}$　(3) $4\sqrt{5}$

문제 4.3.4　(1) $\frac{\sqrt{6}-\sqrt{2}}{4}$　(2) $\frac{\sqrt{6}+\sqrt{2}}{4}$　(3) $2-\sqrt{3}$

문제 4.3.5　(1) $\frac{\sqrt{5}}{5}$　(2) $-\frac{2\sqrt{5}}{5}$　(3) $-\frac{1}{2}$

문제 4.3.6　(1) $\frac{2-\sqrt{3}}{4}$　(2) $\frac{-1+\sqrt{2}}{4}$

문제 4.3.7　(1) $\frac{\sqrt{6}}{2}$　(2) $\frac{\sqrt{6}}{2}$

문제 4.3.8　(1) 12　(2) 9

문제 4.3.9　$\frac{10\sqrt{6}}{3}$

문제 4.3.10　$\frac{15\sqrt{6}}{2}$

문제 4.3.11　(1) $\sqrt{17}$　(2) $\sqrt{37}$

문제 4.3.12　(1) 90°　(2) 120°

문제 4.4.1　(1) $x=\frac{7}{6}\pi,\ \frac{11}{6}\pi$　(2) $x=\frac{\pi}{6},\ \frac{11}{6}\pi$　(3) $x=\frac{\pi}{4},\ \frac{5}{4}\pi$

문제 4.4.2　(1) $x=0,\ \pi$　(2) $x=\frac{\pi}{3},\ \frac{5}{3}\pi,\ \pi$　(3) $x=\frac{\pi}{6},\ \frac{5}{6}\pi$

(4) $x=\frac{\pi}{4},\ \frac{\pi}{3},\ \frac{3}{4}\pi,\ \frac{5}{4}\pi,\ \frac{5}{3}\pi,\ \frac{7}{4}\pi$

문제 4.4.3　(1) $\frac{\pi}{3}<x<\frac{2}{3}\pi$　(2) $\frac{\pi}{4}<x<\frac{\pi}{2},\ \frac{5}{4}\pi<x<\frac{3}{2}\pi$

(3) $\frac{7}{6}\pi<x<\frac{11}{6}\pi$　(4) $\frac{\pi}{6}<x<\frac{11}{6}\pi$

문제 4.4.4 (1) $\pi < x < 2\pi$ (2) $\frac{\pi}{3} \le x \le \frac{5}{3}\pi$

4장 연습문제

01. (1) $\frac{\pi}{12}$ (2) $-\frac{7}{3}\pi$ (3) $750°$ (4) $-18°$

02. $\sin\theta = \frac{2\sqrt{2}}{3}$, $\tan\theta = -2\sqrt{2}$

03. $\sin\theta = \frac{12}{13}$, $\cos\theta = \frac{5}{13}$, $\tan\theta = \frac{12}{5}$

04. (1) $\cos\theta = -\frac{\sqrt{7}}{4}$, $\tan\theta = -\frac{3\sqrt{7}}{7}$

(2) $\sin\theta = -\frac{\sqrt{7}}{4}$, $\tan\theta = \frac{\sqrt{7}}{3}$

(3) $\sin\theta = -\frac{2\sqrt{5}}{5}$, $\cos\theta = -\frac{\sqrt{5}}{5}$

05. $\sin\theta = -\frac{\sqrt{3}}{2}$, $\tan\theta = \sqrt{3}$

06. (1) 주기: π (2) 주기:2π (3) 주기:2π (4) 주기:$\frac{\pi}{3}$

07. 주기:$\frac{2}{3}\pi$ 최댓값:6 최솟값:2

08. (1) $\frac{\sqrt{6}+\sqrt{2}}{4}$ (2) $\frac{\sqrt{6}+\sqrt{2}}{4}$ (3) $2+\sqrt{3}$

09. (1) $\frac{\sqrt{3}}{8}$ (2) $\frac{1}{8}$ (3) 0 (4) 0

10. (1) $\frac{\sqrt{2}+\sqrt{6}}{4}$ (2) $\frac{\sqrt{2}+\sqrt{6}}{4}$ (3) $-2-\sqrt{3}$

11. (1) $\frac{3}{5}$ (2) $\frac{12}{13}$ (3) $\frac{16}{65}$ (4) $-\frac{63}{65}$

12. $-\frac{3}{8}$

13. (1) $\frac{24}{25}$ (2) $\frac{7}{25}$ (3) $\frac{24}{7}$ (4) $\frac{\sqrt{10}}{10}$

(5) $\frac{3\sqrt{10}}{10}$ (6) $\frac{1}{3}$

14. $12\sqrt{3}$

15. $\frac{1}{2}$

16. (1) $\sqrt{21}$ (2) 35.6

17. $\frac{\pi}{4}$

18. (1) $\frac{1}{8}$ (2) $-\frac{1}{4}$

19. (1) $x=0,\ \pi,\ \frac{\pi}{6},\ \frac{5}{6}\pi,\ \frac{3}{2}\pi$ (2) $x=\frac{\pi}{3},\ \frac{5}{6}\pi,\ \frac{4}{3}\pi,\ \frac{11}{6}\pi$

(3) $x=\frac{\pi}{6},\ \frac{\pi}{2},\ \frac{5}{6}\pi,\ \frac{3}{2}\pi$ (4) $x=\frac{\pi}{3},\ \frac{5}{3}\pi$

20. (1) $\frac{\pi}{6}\le x\le\frac{5}{6}\pi$ (2) $0<x<\frac{\pi}{3},\ \pi<x<\frac{5}{3}\pi$

(3) $\frac{\pi}{3}\le x\le\frac{5}{3}\pi$

(4) $0\le x<\frac{\pi}{3},\quad \frac{3}{4}\pi<x<\frac{4}{3}\pi,\ \frac{7}{4}\pi<x<2\pi$

참고문헌

이강섭 외 3인, 고등학교 수학, (주)지학사, 2009.

박두일 외 3인, 고등학교 공통수학, (주)교학사, 2001.

박두일 외 3인, 고등학교 수학I, (주)교학사, 2001.

정광식 외 2인, 고등학교 수학I, (주)동아서적, 2009.

찾아보기

ㄱ

갈다 67
거듭제곱 96
고차부등식 51
공역 65
그래프 67
근 27
근의 공식 32

ㄷ

다항함수 74
대응 65
덧셈정리 138
동경 121

ㄹ

라디안 123
로그 106
로그방정식 113
로그부등식 115
로그함수 111

ㅁ

무리방정식 40
무리식 21
무리함수 91
무연근 40
밑 96, 100, 106

ㅂ

반각의 공식 141
방정식 13, 27
방정식을 푼다 27
배각의 공식 139
번분수식 20
부등식 43
부등식을 푼다 45
부분분수 분해법 20
부정 27
분수방정식 39
분수부등식 55
분수식 18
분수함수 86
불능 27

ㅅ

사인 법칙 146
사차방정식 37
사차부등식 51
삼각비 124
삼각함수 125
삼차방정식 36
삼차부등식 51
상수함수 69
시초선 121

실근 32

ㅇ

역함수 72
연립이차부등식 53
유리방정식 39
유리부등식 55
유리수 18
유리식 18
유리함수 86
이차방정식 28
이차부등식 47
인수 6
인수분해 6
인수정리 16
일대일대응 69
일대일함수 69
일반각 122
일반해 151
일차방정식 27

ㅈ

절대부등식 58
점근선 87
정방정식 39
정의역 65
조건부등식 58
조립제법 13
주기 133
주기함수 133
중근 32
지수 96
지수방정식 103
지수부등식 104
지수함수 100
진수 106

ㅊ

치역 66

ㅋ

코사인 법칙 149

ㅌ

특수해 151

ㅍ

판별식 33

ㅎ

함수 65
함숫값 66
합성함수 70
항등식 13, 27
항등함수 69
해 27, 45
허근 32
호도법 123

기타

1라디안(radian) 123
n제곱 96
n제곱(square) 96

공학기초수학

지은이 김문희 · 최언숙
펴낸이 조경희
펴낸곳 경문사
펴낸날 2019년 3월 5일 1판 1쇄
2021년 3월 2일 1판 3쇄
등 록 1979년 11월 9일 제1979-000023호
주 소 04057, 서울특별시 마포구 와우산로 174
전 화 (02)332-2004 팩스 (02)336-5193
이메일 kyungmoon@kyungmoon.com

값 17,000원

ISBN 979-11-6073-240-5

BASIC MATHEMATICS FOR ENGINEERING

공학 기초 수학

WORKBOOK

각 장별 문제 & 연습문제 수록

김문희 · 최언숙 지음

KM 경문사

차례

Workbook

CHAPTER 1 식의 계산 1

연습문제 9

CHAPTER 2 방정식과 부등식 15

연습문제 28

CHAPTER 3 함수 39

연습문제 55

CHAPTER 4 삼각함수 61

연습문제 69

CHAPTER

1 식의 계산

Workbook

학 과

학 번

이 름

제출일

동명대학교
TONGMYONG UNIVERSITY

문제 1.0.1 다음을 간단히 하여라.

(1) $3x+2x\times 4x-x$

(2) $(2x+x)\times 4x-3y$

(3) $(x+2x)3x+2x\div 6x-4x$

(4) $5x+2x\times 3x+x\div(2x-9x)$

(5) $x\div 5x-x+(2x-3x)x$

(6) $3x+2x\times 5x+4x\div 2x-6x$

문제 1.1.1 다음 두 다항식 A와 B에 대하여 $A+2B$, $2A-3B$를 계산하라.

(1) $A=3x^2-4x+5$, $B=-2x^2+5x-3$

(2) $A=3x^2-4xy+5y^2$, $B=x^2-6xy+7y^2$

문제 1.1.2 다음 식을 전개하라.

(1) $(x^2+3x+2)(x^2-x+2)$

(2) $(x-2y+3)(x+2y-3)$

문제 1.1.3 곱셈공식을 이용하여 다음 식을 전개하라.

(1) $(2x+3y-z)^2$

(2) $(x-2y)(x^2+2xy+4y^2)$

(3) $(3a-2)^3$

(4) $(2x+3y)(4x^2-6xy+9y^2)$

문제 1.1.4 다음을 인수분해하라.

(1) $xy^2 - x^2y$

(2) $16a^2 - 24ab + 9b^2$

(3) $9x^2 + 6xy + y^2$

(4) $4x^2 - 100y^2$

(5) $x^2 - 9x + 14$

(6) $x^2 + 7x + 6$

(7) $3x^2 + 7xy + 2y^2$

(8) $x^3 + 3x^2 + 3x + 1$

(9) $x^4 - 1$

(10) $8x^3 - y^3$

문제 1.1.5 다음을 인수분해하라.

(1) $(x+y)^2 - (x+y)z - 2z^2$

(2) $x^3 - xy^2 - y^2z + x^2z$

(3) $4xy + 1 - 4x^2 - y^2$

(4) $6x^2y^2 - x^4 - y^4$

(5) $(x+1)(x+2)(x+3)(x+4)+1$

(6) $(1-2x-x^2)(1-2x+3x^2)+4x^4$

(7) $4x^4-5x^2+1$

(8) x^4+9x^2+25

문제 1.2.1 다음을 계산하고 몫과 나머지를 구하라.

(1) $(2x^2+5x-2)\div(2x+1)$

(2) $(3x^3+5x+2)\div(x^2-1)$

(3) $(x^3-3x^2-6x+8)\div(x-2)$

(4) $(x^3-3x^2+x-1)\div(x^2-2x-3)$

문제 1.2.2 등식

$x^3-2x+4=(x+1)(x^2+ax+b)+c$가 x에 대한 항등식이 되도록 상수 a, b, c의 값을 정하라.

문제 1.2.3 x에 대한 다항식

$$x^3+ax^2+bx+3\text{이 } x^2-x-2$$

로 나누어떨어질 때, 상수 a, b의 값을 구하라.

문제 1.3.1 다항식

$$P(x)=2x^3+3x^2-4x-1$$

을 다음 일차식으로 나누었을 때, 그 나머지를 구하라.

(1) $x-3$ (2) $x+1$

(3) $x+2$ (4) $x-\frac{1}{2}$

문제 1.3.2 다항식 $P(x)=x^3+ax^2+bx-2$가 $x+2$로 나누어떨어지고, $x-1$로도 나누어 떨어지도록 상수 a, b의 값을 정하여라.

문제 1.3.3 인수정리를 이용하여 다음 식을 인수분해하라.

(1) x^3+3x^2-4

(2) $x^3-6x^2+11x-6$

(3) x^4-2x^3-x+2

(4) $x^4+4x^3-4x^2-16x+15$

문제 1.4.1 다음 분수식을 간단히 하라.

(1) $\dfrac{3x-2}{x^2-4}-\dfrac{2x-3}{x^2-3x+2}$

(2) $\dfrac{x^2-5x+6}{x^2-2x-8}\cdot\dfrac{x^2+4x+4}{x^2-x-6}$

(3) $\dfrac{x^2-5x+6}{x^2-16}\cdot\dfrac{x^2+5x+4}{x^2-4}\div\dfrac{x-3}{x-4}$

(4) $\dfrac{(x^6-y^6)(x-y)}{(x^3-y^3)(x^4-y^4)}$

문제 1.4.2 다음 분수식을 간단히 하라.

(1) $\dfrac{x+3}{x+4}+\dfrac{x+7}{x+8}-\dfrac{x+1}{x+2}-\dfrac{x+5}{x+6}$

(2) $\dfrac{b}{a(a+b)}+\dfrac{c}{(a+b)(a+b+c)}$
$+\dfrac{d}{(a+b+c)(a+b+c+d)}$

(3) $\dfrac{1+\dfrac{2}{x}}{x-3-\dfrac{5}{x+1}}$

(4) $\dfrac{\dfrac{1}{1-x}+\dfrac{1}{1+x}}{\dfrac{1}{1-x}-\dfrac{1}{1+x}}$

문제 1.4.3 다음 무리식의 값이 실수가 되도록 x의 범위를 구하여라.

(1) $\sqrt{1+x}-\sqrt{1-x}$

(2) $\sqrt{3x+1}-\sqrt{x-2}$

문제 1.4.4 분모를 유리화하여라.

(1) $\dfrac{3\sqrt{7}+2\sqrt{2}}{\sqrt{7}-\sqrt{2}}$

(2) $\dfrac{1}{2\sqrt{3}-3\sqrt{2}}$

(3) $\dfrac{1}{\sqrt{2}+1}-\dfrac{1}{\sqrt{2}-1}$

(4) $\dfrac{\sqrt{3}}{\sqrt{6}-\sqrt{2}}-\dfrac{\sqrt{3}}{\sqrt{2}+\sqrt{6}}$

문제 1.4.5 다음 무리식을 간단히 하여라.

(1) $\dfrac{\sqrt{x}-\sqrt{3}}{\sqrt{x}+\sqrt{3}}+\dfrac{\sqrt{x}+\sqrt{3}}{\sqrt{x}-\sqrt{3}}$

(2) $\dfrac{\sqrt{x+1}+\sqrt{x}}{\sqrt{x+1}-\sqrt{x}}$

CHAPTER 1

연습문제

01. $(x+y-4)(x+y+3)$을 전개하여라.

02. $\dfrac{1}{3-2\sqrt{2}}-\dfrac{1}{3+2\sqrt{2}}$을 계산하여라.

03. $(3-2\sqrt{2})(2a-5\sqrt{2})$가 유리수가 되도록 유리수 a의 값을 구하여라.

04. $\dfrac{2\sqrt{7}}{3-\sqrt{7}}$의 분모를 유리화하여라.

05. $(3x-2y+1)(4x+3y-1)$의 전개식에서 xy의 계수를 구하여라.

06. $\dfrac{1}{3+2\sqrt{2}}-\dfrac{1}{3-2\sqrt{2}}=a+b\sqrt{2}$일 때, $2a+b$의 값을 구하여라.

07. $16x^2+32x+5a=(3bx-c)^2$일 때, $5a-3b+c$의 값을 구하여라. (단, $b>0$)

08. $2(x-y)(x-y+1)-24$를 인수분해하여라.

09. x^2-5x+6과 $3x^2-7x+2$의 공통인수를 구하여라.

10. $(3x+2)^2-(2x-1)^2$을 인수분해하여 두 인수의 합을 구하여라.

[11~13] 다음을 인수분해하라.

11. $x^3-x^2y-x^2+xy$

12. $a^2-2ab-2a+b^2+2b-3$

13. $(a-b+c)^3+(a+b-c)^3$

14. $a-b=2$, $a^2+b^2=8$일 때, a^3-b^3의 값을 구하여라.

15. $a^2-3a+1=0$일 때, $a^2-2a+\frac{3}{a^2+1}$의 값을 구하여라.

16. $x^2p+2(x-1)q+(2-x-x^2)r+1=0$이 x에 대한 항등식일 때, p, q, r의 값을 구하여라.

17. x^3+ax^2+bx+5를 x^2+1로 나누었을 때의 나머지가 $2x+1$이 되도록 상수 a, b의 값을 정할 때, a^2+b^2의 값을 구하여라.

18. $\frac{x+1}{x(x-1)^2}=\frac{a}{x}+\frac{b}{x-1}+\frac{c}{(x-1)^2}$가 x에 대한 항등식일 때, 상수 a, b c의 값을 구하여라.

19. x^3+ax^2+x+b

$$=(x^2-x+1)g(x)-x+2$$

가 x에 대한 항등식이 되도록 a, b의 값을 정하여라.

20. x의 다항식 $f(x)=x^2+ax+b$를 $x-1$로 나눈 나머지는 1이고, $x-2$로 나눈 나머지는 2이다. 이때 $f(x)$를 $x-3$으로 나눈 나머지를 구하여라.

21. 다항식 x^3+ax^2+bx+c를 x^2+1로 나누면 $x+1$이 남고, $x-2$로 나누면 3이 남는다. 이때 $a+b+c$의 값을 구하여라.

25. $(a^2+b^2-c^2)^2-4a^2b^2$

[22~27] 다음을 인수분해하라.

22. $a^2-b^2-c^2+2bc$

23. $a^3-3a^2+3a+b^3-1$

24. $a^2-b^2+2c^2+3ac+bc$

26. a^6-7a^3-8

27. $(x^2+x)^2-8x^2-8x+12$

28. 다음 식을 간단히 하여라.

(1) $\dfrac{x+2}{x+1}-\dfrac{x+3}{x+2}-\dfrac{x+4}{x+3}+\dfrac{x+5}{x+4}$

(2) $\dfrac{a^2+2ab+b^2}{a^2+ab-ac}\div\dfrac{(a-b)^2-c^2}{a^2-ac}$

$\times\dfrac{a^2-(b-c)^2}{a^2-b^2}$

(3) $\dfrac{x+1}{x-\dfrac{1}{x+1}}$

(4) $\dfrac{x-\dfrac{x-1}{x+1}}{x+\dfrac{x-1}{x+1}}$

29. $\frac{a+b\sqrt{3}}{2+\sqrt{3}}=\frac{9+b\sqrt{3}}{3}$을 만족하는 정수 a, b에 대하여 $a+b$의 값을 구하여라.

30. $x=\frac{1}{\sqrt{3}+\sqrt{2}}$, $y=\frac{1}{\sqrt{3}-\sqrt{2}}$일 때, 다음 식의 값을 구하여라.

(1) xy

(2) $x+y$

(3) x^2+y^2

CHAPTER

2 방정식과 부등식

Workbook

학 과

학 번

이 름

제출일

동명대학교
TONGMYONG UNIVERSITY

문제 2.1.1 다음 일차방정식을 풀어라.

(1) $3x+2=x+6$

(2) $2x-5=10x$

(3) $-x+7=3x+1$

(4) $8x-5=-2x-7$

문제 2.2.1 다음 이차방정식을 풀어라.

(1) $x^2+6x+5=0$

(2) $x^2-16=0$

(3) $6x^2-13x=5$

(4) $3x^2=6x-3$

문제 2.2.2 다음 등식을 만족하는 실수 x, y의 값을 구하여라.

(1) $x-1+2yi=3-4i$

(2) $3+xi=\overline{y-2i}$

(3) $(2x+y)+(x-2y)i=4+7i$

(4) $(x+2y+3)+(2x+y)i=0$

문제 2.2.3 다음을 $a+bi$의 꼴로 나타내어라.

(1) $(4+3i)+(2+i)$

(2) $(4+2\sqrt{3}\,i)-(2+\sqrt{3}\,i)$

(3) $(4+3i)(2+i)$

(4) $\dfrac{2-\sqrt{3}\,i}{1+\sqrt{3}\,i}$

문제 2.2.4 $x=2+i$, $y=2-i$일 때, 다음 식의 값을 구하여라.

(1) x^2-xy+y^2

(2) x^2y+xy^2

문제 2.2.5 다음 이차방정식을 풀고, 그 근이 실근인지 허근인지 말하여라.

(1) $x^2+2x-4=0$

(2) $x^2+2x+4=0$

(3) $2x^2-3x+1=0$

(4) $4x^2-5x+2=0$

문제 2.2.6 다음 이차방정식의 근을 판별하여라.

(1) $x^2+3x+1=0$

(2) $x^2-5x+7=0$

(3) $4x^2-12x+9=0$

(4) $2x^2-x+3=0$

문제 2.2.7 다음 이차방정식의 두 근의 합과 곱을 구하여라.

(1) $x^2-5x-3=0$

(2) $7x^2+3x-1=0$

(3) $4x^2-4x+1=0$

(4) $5x^2+4=0$

문제 2.2.8 이차방정식 $x^2+3x+4=0$의 두 근을 α, β라고 할 때, 다음 식의 값을 구하여라.

(1) $\alpha^2+\beta^2$

(2) $(\alpha-\beta)^2$

(3) $\dfrac{\beta}{\alpha}+\dfrac{\alpha}{\beta}$

문제 2.2.9 다음 두 수를 근으로 하고, x^2의 계수가 1인 이차방정식을 구하여라.

(1) -1, 2

(2) $\frac{1}{2}$, $-\frac{1}{3}$

(3) $2+\sqrt{3}$, $2-\sqrt{3}$

문제 2.3.1 다음 삼차방정식을 풀어라.

(1) $x^3+8=0$

(2) $x^3-7x+6=0$

(3) $x^3-4x=0$

(4) $x^3-x^2-3x+2=0$

문제 2.3.2 다음 사차방정식을 풀어라.

(1) $x^4-1=0$

(2) $x^4-2x^3+2x^2+2x-3=0$

(3) $2x^4-5x^2+3=0$

(4) $x^4+4x^2-5=0$

문제 2.3.3 다음 분수방정식을 풀어라.

(1) $\dfrac{2}{x-1}-\dfrac{x}{x+1}=\dfrac{4}{x^2-1}$

(2) $\dfrac{2}{x^2-1}+\dfrac{1}{3}=\dfrac{1}{x-1}$

(3) $\dfrac{1}{x-1}-\dfrac{1}{x}=\dfrac{1}{6}$

(4) $\dfrac{1}{x-2}-\dfrac{1}{x-4}=\dfrac{1}{x-3}-\dfrac{1}{x-5}$

문제 2.3.4 다음 무리방정식을 풀어라.

(1) $\sqrt{x+1}=5-x$

(2) $2x=1+\sqrt{x+7}$

(3) $\sqrt{5x+1}=3\sqrt{x-3}$

(4) $2x+\sqrt{2x^2+1}-7=0$

문제 2.3.5 다음 연립일차방정식을 풀어라.

(1) $\begin{cases} 2x+y=2 \\ x-y=4 \end{cases}$

(2) $\begin{cases} 0.5x-0.2y=1 \\ \dfrac{5}{2}x-y-2=0 \end{cases}$

(3) $\begin{cases} x-3y+2z=-1 \\ -x+5y+z=8 \\ 3x+y-2z=9 \end{cases}$

(4) $\begin{cases} 2x-4y+9z=5 \\ x+2y+4z=2 \\ 2x+3y+7z=3 \end{cases}$

문제 2.3.6 다음 연립일차방정식을 풀어라.

(1) $\begin{cases} x+2y=5 \\ 2x^2+y^2=19 \end{cases}$

(2) $\begin{cases} x^2-3xy+2y^2=0 \\ x^2-xy+y^2=6 \end{cases}$

문제 2.4.1 $-2 \le x \le 3$일 때, 다음 식의 범위를 구하여라.

(1) $2x+3$

(2) $10-3x$

문제 2.4.2 다음 부등식을 풀어라.

(1) $5x+(3x-6)>0$

(2) $2(x-5) \ge 3x+1$

(3) $\dfrac{x-3}{2}-\dfrac{x+4}{3} \ge 0$

(4) $\dfrac{2x+5}{3} \le \dfrac{12-x}{5}$

문제 2.4.3 다음 부등식을 풀어라.

(1) $|x-3|<1$

(2) $|3x-1| \ge 6$

(3) $|x-1|+|x|>3$

(4) $|x+3|+|x-3| \le 3$

문제 2.4.4 다음 이차부등식을 풀어라.

(1) $(x+3)(x-1)>0$

(2) $(x-4)(x+3)<0$

(3) $-2x^2+5x+7\leq 0$

(4) $x^2-4x+3\leq 0$

문제 2.4.5 다음 이차부등식을 풀어라.

(1) $x^2+2x+1>0$

(2) $-9x^2+6x-1\leq 0$

문제 2.4.6 다음 이차부등식을 풀어라.

(1) $x^2-4x+7>0$

(2) $x^2-10x+30<0$

(3) $2x^2+2x+1\geq 0$

(4) $3x^2-2x+1\leq 0$

문제 2.4.7 다음 부등식이 모든 실수에 대하여 성립하도록 실수 k의 값의 범위를 정하여라.

(1) $x^2-2kx-k>0$

(2) $-x^2+(k+1)x-k^2<0$

문제 2.4.8 다음 부등식을 풀어라.

(1) $(x+1)(x-1)(x-3)>0$

(2) $x^3-6x^2+11x-6<0$

(3) $(x^2-3x-18)(x+4)\geq 0$

(4) $(x+3)(x^2+6x+5)\leq 12(x+3)$

문제 2.4.9 다음 부등식을 풀어라.

(1) $x^3-x^2+x-1>0$

(2) $2x^3-3x^2+3x-1<0$

(3) $x^4-6x^2+5\leq 0$

(4) $x^4+x^3-21x^2-x+20\geq 0$

문제 2.4.10 다음 연립이차부등식을 풀어라.

(1) $\begin{cases} x-3<2x \\ x^2-3x+2 \geq 0 \end{cases}$

(2) $\begin{cases} x^2-5x+4 \geq 0 \\ x^2-3x-10<0 \end{cases}$

(3) $\begin{cases} x^2-2x-3<0 \\ 2x^2+x-10<0 \end{cases}$

(4) $\begin{cases} x^2+4x-5>0 \\ 3x^2-2x-8 \leq 0 \end{cases}$

문제 2.4.11 다음 연립부등식을 풀어라.

(1) $\begin{cases} 2x^2-2x-1<0 \\ x^3-2x^2-5x+6>0 \end{cases}$

(2) $\begin{cases} x^3+4x^2+x-6<0 \\ x^3+2x^2+2x+1 \geq 0 \end{cases}$

문제 2.4.12 다음 부등식을 풀어라.

(1) $\dfrac{9}{x-8} \leq -1$

(2) $\dfrac{2x-1}{x+2} > 0$

(3) $\dfrac{x-2}{|x-5|} \geq 3$

문제 2.4.13 다음 부등식을 풀어라.

(1) $\dfrac{2x^2+5x-3}{x^2-x+1} \leq 0$

(2) $\dfrac{x+5}{x^3-1} > \dfrac{1}{x-1}$

(4) $\dfrac{x^2-4x+3}{|x-2|} \leq 2$

문제 2.4.14 다음 부등식을 풀어라.

(1) $1 \leq \dfrac{x}{x+1} < 2$

(2) $0 < \dfrac{3x+8}{x^2+x+1} < 2$

문제 2.4.15 다음 연립부등식을 만족하는 정수 x를 모두 구하여라.

$$\begin{cases} \dfrac{1}{x-3} \leq \dfrac{1}{x+2} \\ x^2 - x \geq 0 \end{cases}$$

문제 2.4.16 임의의 양수 a, b에 대하여 $a+b=3$일 때 $\dfrac{1}{a}+\dfrac{4}{b}$의 최솟값을 구하여라.

문제 2.4.17 $x^2+y^2=5$일 때 $x+3y$의 최솟값을 구하여라.

연습문제

01. 다음 이차방정식을 풀어라.

(1) $(x-2)(x-1)=2$

(2) $x^2+(x-1)^2=0$

(3) $x^2-x=2x^2-2x+3$

(4) $(x+1)(x-3)=2x$

02. 다음 이차방정식이 중근을 가지도록 상수 k의 값을 정하여라. 또 그때의 중근을 구하여라.

(1) $2x^2-4x+k=0$

(2) $x^2-2kx+k+6=0$

03. 이차방정식 $x^2+4x+k=0$이 허근을 가지도록 상수 k의 값의 범위를 정하여라.

04. 다음 이차방정식의 두 근의 합과 곱을 구하여라.

(1) $x^2-4x+3=0$

(2) $2x^2+3x-6=0$

05. 이차방정식 $3x^2-6x+1=0$의 두 근을 α, β라 할 때, 다음 두 수를 근으로 가지는 이차방정식을 구하여라.

(1) α^2, β^2

(2) $\dfrac{\alpha}{\alpha-1}$, $\dfrac{\beta}{\beta-1}$

06. 다음 방정식을 풀어라.

(1) $x^3-4x^2+3x+2=0$

(2) $x^3-x^2+3x+5=0$

(3) $x^4-2x^3+2x-1=0$

(4) $x^4-9x^2+4x+12=0$

07. 삼차방정식 $x^3+ax+6=0$의 한 근은 -3이다. 이때 다음 물음에 답하여라.

(1) 실수 a의 값을 구하여라.

(2) 이 방정식의 세 근의 합을 구하여라.

08. 방정식 $x^4+ax^3+ax^2+11x+b=0$은 -2와 3을 근으로 가진다. 이때 다음 물음에 답하여라.

(1) 상수 a, b의 값을 구하여라.

(2) 이 방정식의 남은 근을 구하여라.

09. 다음 분수방정식을 풀어라.

(1) $x+\dfrac{2}{x-3}=6$

(2) $\dfrac{5-x}{x-2}=5x+\dfrac{3}{x-2}$

(3) $\dfrac{x}{x+2}+\dfrac{4}{x^2-4}=\dfrac{1}{x-2}$

(4) $\dfrac{6}{x^2+x-2}=\dfrac{3}{x+2}+\dfrac{2x}{x-1}+1$

10. 다음 무리방정식을 풀어라.

(1) $\sqrt{x+2}+2=2x$

(2) $3\sqrt{5+x}-x=7$

(3) $\sqrt{3-x}-\sqrt{2x+3}=1$

(4) $\sqrt{5x-1}+\sqrt{3x-2}=\sqrt{9-4x}$

11. 분수방정식 $\dfrac{1}{x-1}+\dfrac{2}{x+2}=a$의 두 근의 차가 3이다. 그 두 근을 구하여라. 또 그때 상수 a의 값을 구하여라.

12. 방정식 $\sqrt{x+3}=x+k$가 중근을 갖도록 k의 값을 정하여라. 또 그때의 중근을 구하여라.

13. 다음 연립방정식을 풀어라.

(1) $\begin{cases} x-y=0 \\ 5x^2-y^2=16 \end{cases}$

(2) $\begin{cases} 2x-y-5=0 \\ x^2+y^2=25 \end{cases}$

(3) $\begin{cases} x+y=3 \\ xy=2 \end{cases}$

(4) $\begin{cases} x+y=4 \\ (x+2)(y+2)=15 \end{cases}$

14. 다음 부등식을 풀어라.

(1) $|x-1|+|x-2|<3$

(2) $|x+1|+|2-x|>5$

15. 다음 이차부등식을 풀어라.

(1) $2x^2-x-15<0$

(2) $6x^2-11x-10>0$

(3) $2x^2+3x\le 0$

(4) $6x^2+x>12$

16. 다음 연립부등식을 풀어라.

(1) $\begin{cases} x+6>2x^2 \\ x^2-4x-5>0 \end{cases}$

(2) $\begin{cases} 2x^2+3x-9<0 \\ 4x^2+x-3\geq 0 \end{cases}$

17. 이차방정식

$$x^2-(3k-1)x+2k^2-1=0$$

이 서로 다른 두 실근을 갖도록 상수 k의 값의 범위를 정하여라.

18. 두 이차방정식

$$x^2+nx+n=0 \qquad \cdots\cdots ①$$

$$2x^2+4nx+7n+9=0 \qquad \cdots\cdots ②$$

에 대하여 ①이 실근을 가지고, ②가 허근을 가지도록 정수 n의 값을 정하여라.

19. 다음 부등식을 풀어라.

(1) $x^3-10x^2+29x-20 \geq 0$

(2) $x^3-3x^2+3x-2<0$

(3) $x^4-5x^3+10x^2-10x+4 \geq 0$

(4) $(x^2-5x+4)(x^2-3x)<0$

20. 다음 연립부등식을 풀어라.

(1) $\begin{cases} 2x^2-7x<4 \\ 2x-1<x^3 \end{cases}$

(2) $\begin{cases} x^2-x-6 \leq 0 \\ x^4+x^3-x-1>0 \end{cases}$

21. 다음 부등식을 풀어라.

(1) $\dfrac{2x-3}{x+1}<1$

(2) $\dfrac{x-4}{x-2}>\dfrac{x-3}{x-1}$

(3) $\dfrac{(x+2)(x-3)}{x-1}<0$

(4) $\dfrac{3}{x+2}+1<\dfrac{2}{2-x}$

22. 다음 두 부등식을 동시에 만족시키는 정수 x의 값을 구하여라.

$$\begin{cases} 2x^2-5x-3<0 \\ 2x^3+3x^2-8x+3>0 \end{cases}$$

23. $-3<x<1$일 때, 부등식

$$a<\frac{1}{x-2}<b$$

가 성립하는 a의 최댓값과 b의 최솟값을 각각 구하여라.

24. a, b, x, y가 실수이고 $a^2+b^2=9$, $x^2+y^2=4$일 때, $ax+by$의 최댓값과 최솟값의 곱을 구하여라.

CHAPTER

3 함수

Workbook

학 과

학 번

이 름

제출일

동명대학교
TONGMYONG UNIVERSITY

문제 3.1.1 다음 함수의 정의역과 치역을 말하여라.

(1) $f(x)=3x-1$

(2) $f(x)=-x^2+1$

(3) $f(x)=\dfrac{1}{x-3}$

문제 3.1.2 $f(x)=x^2-2$일 때 다음을 구하여라.

(1) $f(1)$ (2) $f(6)$

(3) $f\left(-\dfrac{1}{2}\right)$ (4) $f\left(-\dfrac{2}{3}\right)$

(5) $f(a)$ (6) $f(-a)$

(7) $f(a+h)$

(8) $f(a-h)$

문제 3.1.3 다음 두 함수 f와 g는 서로 같은 함수인지 또는 아닌지를 말하여라.

(1) 정의역이 $\{-1, 0, 1\}$일 때

$f(x)=x^2$, $g(x)=|x|$

(2) $f(x)=|x|$, $g(x)=\begin{cases} x & (x \geq 0) \\ -x & (x<0) \end{cases}$

문제 3.1.4 다음 함수의 그래프를 그려라.

(1) $f(x)=-\dfrac{2}{3}x+2$

x	$\cdots$	-3	-2	-1	0	1	2	3	$\cdots$
y	$\cdots$								$\cdots$

(2) $f(x)=x^2-4x+3$

x	$\cdots$	-3	-2	-1	0	1	2	3	$\cdots$
y	$\cdots$								$\cdots$

(3) $f(x)=|2x-1|$

x	$\cdots$	-3	-2	-1	0	1	2	3	$\cdots$
y	$\cdots$								$\cdots$

문제 3.1.5 다음 함수 가운데 일대일대응인 것은 어느 것인가?

(1) $f(x)=3x-1$

(2) $f(x)=|x|$

(3) $f(x)=2x^2$

문제 3.1.6 다음 그림에서 항등함수와 상수함수의 그래프를 각각 찾아라.

(1)

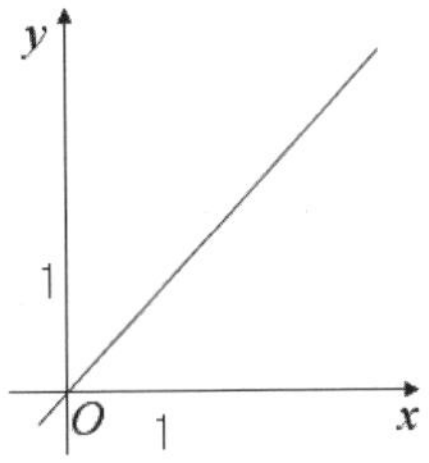

(2)

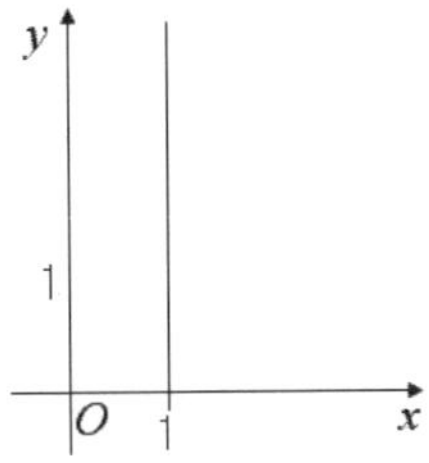

(3)

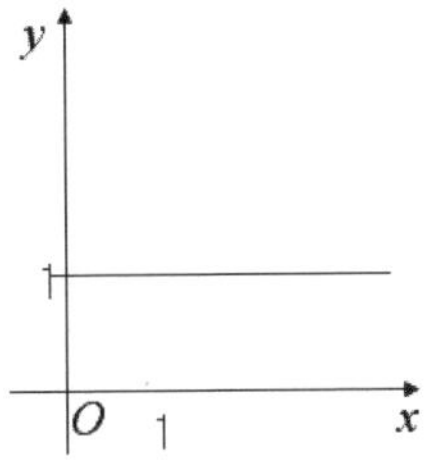

문제 3.1.7 두 함수 $f(x)=-x^2+2x$, $g(x)=x-2$에 대하여 다음을 구하여라.

(1) $(f\circ f)(1)$

(2) $(g\circ g)(1)$

(3) $(f\circ g)(2)$

(4) $(g\circ f)(2)$

문제 3.1.8 함수 $f(x)$, $g(x)$가 다음과 같을 때, 합성함수 $g\circ f$와 $f\circ g$를 구하여라.

(1) $f(x)=2x-3$, $g(x)=3x+1$

(2) $f(x)=5x-1$, $g(x)=x^2-2$

문제 3.1.9 세 함수 $f(x)=3x-1$, $g(x)=2x^2$, $h(x)=-x+1$ 에 대하여
$f\circ(g\circ h)=(f\circ g)\circ h$ 임을 보여라.

문제 3.1.10 오른쪽 그림과 같은 함수 $f: X\to Y$에 대하여 다음 물음에 답하여라.

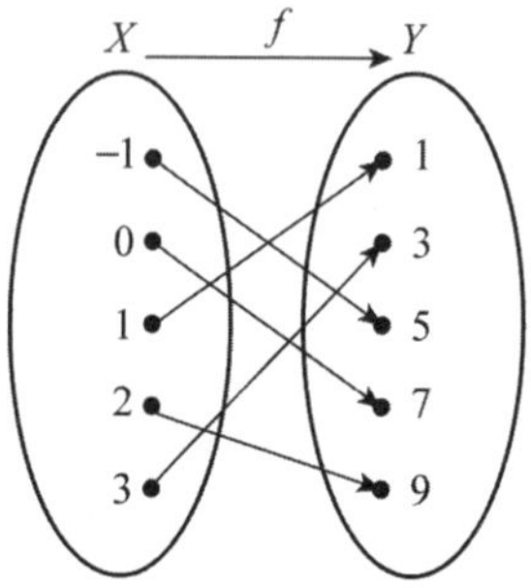

(1) f의 역함수 f^{-1}가 존재함을 보여라.

(2) $f(2)$와 $f^{-1}(5)$의 값을 구하여라.

(3) $(f^{-1}\circ f)(2)$와 $(f\circ f^{-1})(5)$의 값을 구하여라.

문제 3.1.11 다음 함수의 역함수를 구하여라.

(1) $y=x+2$

(2) $y=3x+7$

(3) $y=-\dfrac{1}{2}x+3$

문제 3.1.12 다음 함수는 역함수가 존재하는가? 역함수가 존재하면 그것을 구하고, 역함수가 존재하지 않으면 그 이유를 밝혀라.

(1) $y=-3x+2$

(2) $y=x^2$

문제 3.1.13 다음 함수의 역함수를 구하고, 그 그래프를 그려라.

(1) $y = -3x + 2$

(2) $y = \frac{1}{2}x - 3$

문제 3.2.1 다음 직선의 방정식을 구하여라.

(1) 점 $(1,\ 2)$를 지나고 기울기가 5인 직선

(2) 점 $(4,\ -6)$을 지나고 기울기가 $-\frac{2}{3}$인 직선

(3) 점 $(-2,\ 5)$를 지나고 기울기가 0인 직선

문제 3.2.2 다음 두 점 A, B를 지나는 직선의 방정식을 구하여라.

(1) $A(3,\ 1)$, $B(4,\ 3)$

(2) $A(-5,\ 6)$, $B(-2,\ -3)$

(3) $A(2,\ 0)$, $B(0,\ 3)$

(4) $A(0,\ -2)$, $B(-1,\ -2)$

문제 3.2.3 다음 일차함수의 그래프를 그려라.

(1) $y = 3x - 3$

(2) $y = -x + 5$

(3) $y = -3x$

문제 3.2.4 다음 이차함수의 축의 방정식과 꼭짓점을 구하여라.

(1) $y=x^2+2x-2$

(2) $y=-x^2-6x-3$

문제 3.2.5 다음 함수의 최댓값, 최솟값을 구하여라.

(1) $y=x^2+4x-1$

(2) $y=-2x^2+6x+1$

문제 3.2.6 다음 주어진 구간에서 이차함수의 최댓값과 최솟값을 구하여라.

(1) $f(x)=x^2+4x\ \ (-4\le x\le 1)$

(2) $f(x)=3-4x-2x^2\ \ (0\le x\le 2)$

문제 3.2.7 이차함수 $y=2x^2+3kx+2$의 그래프가 다음 조건에 맞도록 상수 k의 값의 범위를 정하여라.

(1) x축과 서로 다른 두 점에서 만난다.

(2) x축에 접한다.

(3) x축과 만나지 않는다.

문제 3.2.8 모든 실수 x에 대하여 $x^2-2(a-2)x+2a(a-2)>0$이 성립하도록 상수 a의 값의 범위를 정하여라.

문제 3.2.9 다음 함수의 그래프를 좌표평면에 그리고 $y=-x^3$과 비교하라.

(1) $y=-x^3+2$

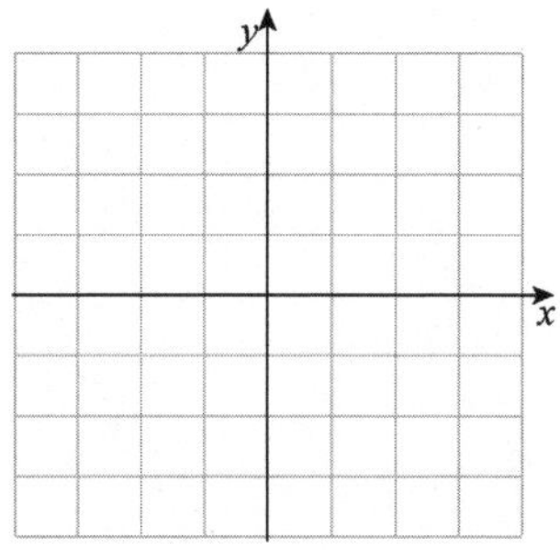

(2) $y=-(x+3)^3$

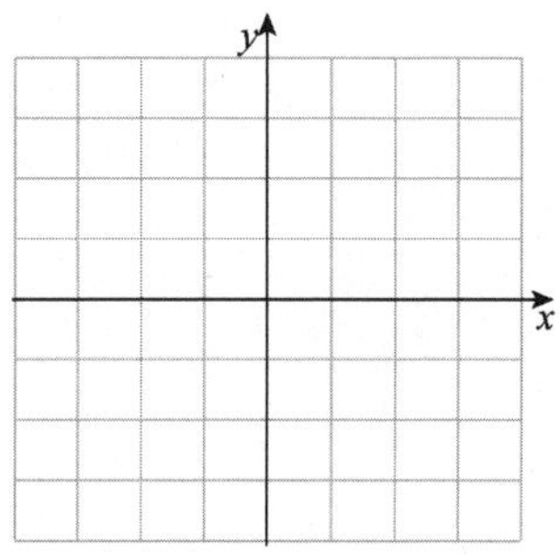

(3) $y=-(x+3)^3+2$

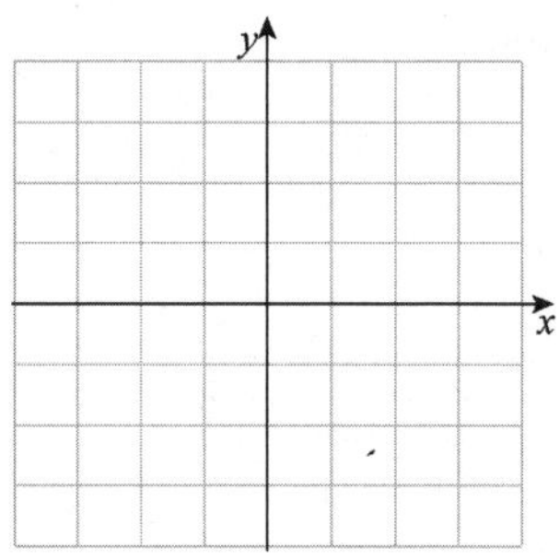

(4) $y=-(x-3)^3+2$

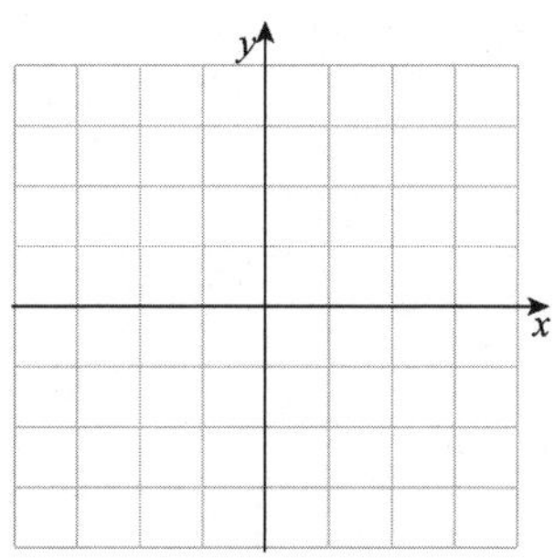

문제 3.3.1 다음 함수의 정의역을 구하여라.

(1) $y=\dfrac{3}{x}$

(2) $y=\dfrac{5}{2x-1}$

(3) $y=\dfrac{x+1}{-2x+3}$

문제 3.3.2 다음 함수의 그래프를 같은 좌표평면에 그리고 비교하여라.

(1) $y=\dfrac{1}{x}$, $y=\dfrac{1}{2x}$

(2) $y=\dfrac{1}{2x}$, $y=-\dfrac{1}{2x}$

문제 3.3.3 다음 함수의 그래프를 그리고, 점근선의 방정식을 구하여라.

(1) $y=\dfrac{2}{x-3}$

(2) $y=-\dfrac{1}{2x}+1$

문제 3.3.4 다음 함수의 그래프를 그리고, 점근선의 방정식을 구하여라.

(1) $y=\dfrac{x-1}{x+2}$

(2) $y=\dfrac{2x-1}{x-2}$

문제 3.3.5 다음 함수의 역함수를 구하여라.

(1) $y=\dfrac{2x+4}{x+1}$

(2) $y=\dfrac{1}{x-1}+3$

문제 3.3.6 다음 무리함수의 정의역을 구하여라.

(1) $y = \sqrt{x-1}$

(2) $y = \sqrt{2x-3}$

(3) $y = \sqrt{-x+2}$

문제 3.3.7 함수 $y = \sqrt{x}$ 를 y축에 대하여 대칭이동한 그래프를 그리고, 그 관계식을 구하여라.

문제 3.3.8 다음 무리함수의 그래프를 그리고, 정의역과 치역을 구하여라.

(1) $y = -\sqrt{2x}$

(2) $y = \sqrt{-2x}$

(3) $y = -\sqrt{-2x}$

문제 3.3.9 다음 무리함수의 그래프를 그리고, 정의역과 치역을 구하여라.

(1) $y = \sqrt{x-2} - 1$

(2) $y = \sqrt{2x+4} - 2$

(3) $y = -\sqrt{2x+5} + 2$

(4) $y = \sqrt{-2x+4} - 3$

문제 3.3.10 다음 함수의 역함수를 구하여라.

(1) $y = \sqrt{4x-2}+1$

(2) $y = -\sqrt{2x+2}-1$

문제 3.4.1 다음을 간단히 하여라.

(1) $a^6 \times a^4$

(2) $(a^3)^4 \times (a^4)^2$

(3) $(x^4)^2 \times (x^3y^3)^2$

(4) $(x^3y^2)^4 \div (xy^2)^4$

문제 3.4.2 다음을 간단히 하여라.

(1) $(\sqrt[8]{16})^2$

(2) $\sqrt[5]{16} \times \sqrt[5]{2}$

(3) $\sqrt[3]{\sqrt{729}}$

(4) $\dfrac{\sqrt[3]{16}}{\sqrt[3]{2}}$

(5) $\sqrt[3]{-64}$

(6) $\sqrt[5]{-32}$

(7) $\sqrt[3]{125}$

(8) $\sqrt[4]{256}$

문제 3.4.3 다음 값을 구하여라.

(1) 2^{-4}

(2) $(-6)^0$

(3) $\left(\dfrac{3}{2}\right)^{-4}$

(4) $\left(-\dfrac{2}{3}\right)^{-2}$

(5) $8^{\frac{2}{3}}$

(6) $8^{\frac{4}{3}}$

(7) $2^{-\frac{1}{2}}$

(8) $81^{-\frac{1}{2}}$

문제 3.4.4 다음을 간단히 하여라.

(1) $2^2 \times 2^{-3}$

(2) $3^{-3} \div 3^{-5}$

(3) $(2^{-1})^2(2^2)^{-2}$

(4) $(4^2+4^{-2})(4^2-4^{-2})$

문제 3.4.5 다음 식을 간단히 하여라.

(1) $\sqrt{a} \times \sqrt[3]{a} \times \sqrt[6]{a}$

(2) $\left(a^{\frac{3}{4}} \times a^{\frac{1}{2}}\right)^{\frac{2}{5}}$

(3) $\sqrt[6]{a^2b^3} \times \sqrt{ab} \div \sqrt[3]{a^2b^3}$

(4) $\sqrt{\dfrac{\sqrt[3]{a}}{\sqrt[4]{a}}} \times \sqrt[4]{\dfrac{\sqrt{a}}{\sqrt[3]{a}}}$

문제 3.4.6 다음 지수함수의 그래프를 그려라.

(1) $y=3^x$ (2) $y=\left(\dfrac{1}{3}\right)^x$

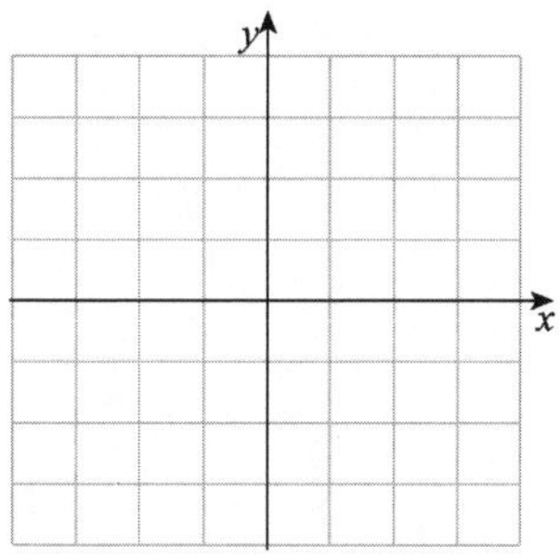

(3) $y=5^x$ (4) $y=\left(\dfrac{1}{5}\right)^x$

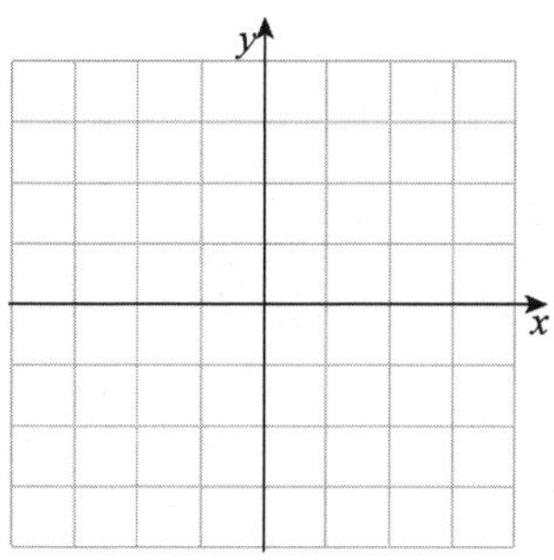

문제 3.4.7 다음 함수의 그래프를 그려라.

(1) $y = 3^{x-1}$ (2) $y = 3^{x} - 1$

(3) $y = -2^{x} + 1$ (4) $y = -2^{x-1} + 1$

문제 3.4.8 다음 지수방정식을 풀어라.

(1) $4^{x} = 16$

(2) $4^{x} = 2^{3x}$

(3) $3^{2x} = \frac{1}{3}$

(4) $9^{x} = 3^{3x-1}$

문제 3.4.9 다음 지수방정식을 풀어라.

(1) $9^{x} - 3^{x} = 0$

(2) $4^{x} - 2^{x+2} + 4 = 0$

(3) $5^{x+1} = 4 + 5^{x}$

(4) $7^{2x} - 5 \cdot 7^{x} - 14 = 0$

문제 3.4.10 다음 지수부등식을 풀어라.

(1) $9^{x} > 3$

(2) $3^{x} < 3^{2x+2}$

(3) $\left(\frac{1}{2}\right)^{x} < 32$

(4) $\left(\frac{1}{3}\right)^{2x} \geq \left(\frac{1}{9}\right)^{3x-1}$

문제 3.4.11 다음 지수부등식을 풀어라.

(1) $4^{x} - 2^{x+1} - 8 < 0$

(2) $3^{2x} + 3^{x-2} > 3^{x+2} + 1$

문제 3.4.12 다음 등식을 로그를 사용하여 나타내어라.

(1) $2^{2} = 4$

(2) $5^{-1} = \frac{1}{5}$

(3) $\left(\frac{1}{2}\right)^{3} = \frac{1}{8}$

(4) $\left(\frac{1}{3}\right)^{-3} = 27$

문제 3.4.13 다음 등식을 지수를 사용하여 나타내어라.

(1) $\log_3 3 = 1$

(2) $\log_4 \frac{1}{4} = -1$

(3) $\log_5 125 = 3$

(4) $\log_{\frac{1}{2}} 4 = -2$

문제 3.4.14 다음 값을 구하여라.

(1) $\log_2 16$

(2) $\log_{10} 1$

(3) $\log_{\frac{1}{3}} 27$

(4) $\log_2 \sqrt{8}$

문제 3.4.15 다음 등식을 만족하는 x의 값을 구하여라.

(1) $\log_2 x = 3$

(2) $\log_{10} x = -2$

(3) $\log_x 9 = 2$

(4) $\log_x \frac{1}{4} = 2$

문제 3.4.16 다음 값을 구하여라.

(1) $\log_5 \frac{1}{125}$

(2) $\log_3 \sqrt{27}$

(3) $\log_{10} \frac{1}{\sqrt{10}}$

문제 3.4.17 다음을 간단히 하여라.

(1) $\log_4 2 - \log_4 \sqrt[3]{4}$

(2) $\log_5 10 + \log_5 \frac{\sqrt{5}}{2}$

(3) $2\log_3 3 - \log_3 4 + 2\log_3 \sqrt{12}$

(4) $\frac{1}{2}\log_3 \frac{9}{7} + \log_3 \sqrt{7}$

문제 3.4.18 $\log_2 3 = a$, $\log_2 5 = b$, $\log_2 7 = c$ 일 때, $\log_4 105$를 a, b, c를 써서 나타내어라.

문제 3.4.19 $y = \log_2 x$의 그래프를 이용하여 다음 함수의 그래프를 그려라.

(1) $y = \log_2(-x)$　　(2) $y = -\log_2(-x)$

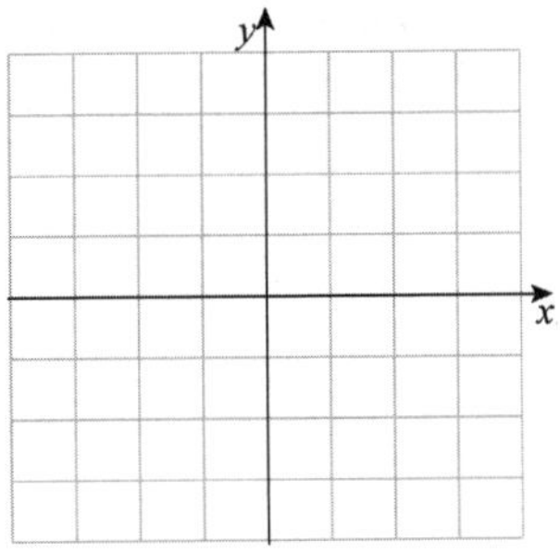

문제 3.4.20 다음 함수의 그래프를 그려라.

(1) $y = \log_2(x-2)$　　(2) $y = \log_{\frac{1}{2}}(x-1)+2$

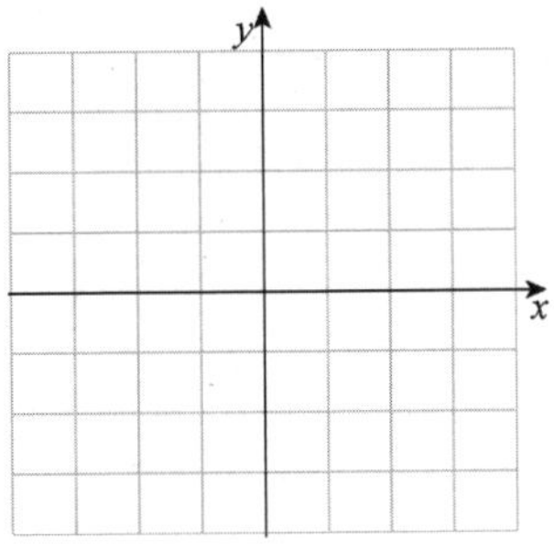

문제 3.4.21 다음 방정식을 풀어라.

(1) $\log_4(x-2) = 2$

(2) $\log_{x+3} 2 = 1$

(3) $\log_3 2x = -1$

(4) $\log_5(x^2+2) = \log_5 6$

문제 3.4.22 다음 로그방정식을 풀어라.

(1) $\log_2(x-1)=\log_4(x+1)$

(2) $(\log_2 x)^2+3\log_2 x=0$

(3) $(\log_{10}x)^2-4\log_{10}x+3=0$

(4) $2(\log_{10}x)^2=7\log_{10}x-3$

문제 3.4.23 다음 로그부등식을 풀어라.

(1) $\log_2(4x-9)>2$

(2) $\log_2(x^2+x+2)<2$

(3) $2\log_{\frac{1}{2}}x<\log_{\frac{1}{2}}(x+2)$

(4) $(\log_{10}x)^2-\log_{10}x<0$

CHAPTER 3

연습문제

01. 두 함수 $f(x)=x^2-2x+1$, $g(x)$에 대하여 $f(2x-5)=g(x+1)$이 성립할 때, $g(2)$의 값을 구하여라.

02. 집합 $X=\{x \mid -2 \le x \le 2\}$에 대하여 X에서 Y로의 일차함수 $f(x)=ax+b$ $(a<0)$의 정의역과 치역이 일치할 때, 상수 a, b의 값을 구하여라.

03. 두 집합 $X=\{x \mid -1 \le x \le 3\}$, $Y=\{y \mid 2 \le y \le 6\}$에 대하여 X에서 Y로의 함수 $f(x)=ax+b$ $(a<0)$가 일대일대응일 때, $f(1)$의 값을 구하여라.

04. 두 함수 $f(x)=3x+2$, $g(x)=-6x+5$에 대하여다음을 만족하는 일차함수 $h(x)$를 구하여라.

(1) $f \circ h = g$

(2) $h \circ f = g$

05. 함수 $f(x)=-3x+1$, $g(x)=2x-7$일 때, 다음 함수를 구하여라.

(1) $f \circ f$

(2) $f \circ g$

(3) $g \circ g$

06. 함수 $f(x)=ax+b$ $(a \ne 0)$의 역함수를 $g(x)$라 할 때, 다음 물음에 답하여라.

(1) $f(2)=-3$, $g(1)=5$일 때, 상수 a, b의 값을 구하여라.

(2) $f(0)=1$, $g(2)=-3$일 때, 상수 a, b의 값을 구하여라.

07. 다음 함수의 역함수를 구하여라.

(1) $y = 3x - 1$

(2) $y = x^2 - 3 \ (x \geq 0)$

(3) $y = -\dfrac{1}{x} + 1$

08. 두 함수 $f(x) = -2x$, $g(x) = 3x + 7$에 대하여 다음을 구하여라.

(1) $(g \circ f)^{-1}$

(2) $f^{-1} \circ g^{-1}$

09. 다음 조건을 만족하는 이차함수를 구하여라.

(1) $(0,\ 4)$를 지나고 꼭짓점이 $(1,\ 1)$인 이차함수

(2) $(1,\ 2)$, $(-1,\ 10)$, $(2,\ 1)$을 지나는 이차함수

10. 다음 함수의 최댓값과 최솟값을 구하여라.

(1) $y = 3 - x^2 \ (-1 \leq x \leq 3)$

(2) $y = x^2 + 3x + 1 \ (0 \leq x \leq 2)$

(3) $y = 2x^2 - 5x + 2 \ (0 \leq x \leq 3)$

(4) $y = 4x - 5x^2 \ (1 \leq x \leq 3)$

11. 직선 $y=ax$는 $y=x^2-x+1$과는 두 점에서 만나고, $y=x^2+x+1$과는 만나지 않는다. 이때 a의 값의 범위를 구하여라.

12. 다음 식을 간단히 하여라.

(1) $4^{\frac{2}{3}} \div 24^{\frac{1}{3}} \times 18^{\frac{2}{3}}$

(2) $(a^4b^5)^2 \div (a^3b^2)^4 \times \dfrac{a^3}{b^2}$

(3) $\sqrt{\dfrac{\sqrt[3]{a}}{\sqrt[4]{a}}} \times \sqrt[3]{\dfrac{\sqrt[4]{a}}{\sqrt{a}}} \times \sqrt[4]{\dfrac{\sqrt{a}}{\sqrt[3]{a}}}$

(4) $\sqrt{(x+\sqrt{x^2})^2}-\sqrt{(x-\sqrt{x^2})^2}$

13. 다음 지수방정식을 풀어라.

(1) $\left(\dfrac{1}{\sqrt{3}}\right)^{3x}=9^{3-x}$

(2) $(2^x-8)(3^{2x}-9)=0$

(3) $3^{x+1}-6=3^x$

(4) $4^x-9\cdot 2^x+8=0$

14. 다음 부등식을 풀어라.

(1) $2^{x+2} \leq 4^x - 2^x + 4$

(2) $(2^x - 32)\left(\dfrac{1}{3^x} - 27\right) > 0$

(3) $4^x \times 5^{2x-1} \leq 2 \times 10^{x+3}$

(4) $\left(\dfrac{1}{2}\right)^{x^2-8x+6} > 2^{-x^2+7x-2}$

15. 다음 식을 간단히 하여라.

(1) $3\log_5 3 - 2\log_5 75$

(2) $\log_3 4 \cdot \log_4 9$

(3) $\log_2 9 + \log_2\left(\dfrac{8}{3}\right)^3$

(4) $\dfrac{1}{3}\log_2 \dfrac{5}{4} - \log_2 \dfrac{\sqrt[3]{10}}{8}$

(5) $\log_3 5 \cdot \log_5 7 \cdot \log_7 9$

(6) $(\log_2 3 + \log_4 9)(\log_3 4 + \log_9 2)$

16. $\log_2 3 = a$, $\log_3 5 = b$일 때, $\log_{30} 75$를 a, b로 나타내어라.

17. $\log_{10} 2 = a$, $\log_{10} 3 = b$일 때, 다음 값을 a, b로 나타내어라.

(1) $\log_6 25$

(2) $\log_3 2$

18. 다음 방정식을 풀어라.

(1) $\log_2(x-5) = \log_4(x-2) + 2$

(2) $\log_2 x = \log_x 2$

(3) $x^{\log_2 x} = 8x^2$

(4) $(\log_3 x)\left(\log_{\frac{1}{3}} x\right) + 3\log_3 x + 10 = 0$

19. 다음 부등식을 풀어라.

(1) $\log_3(x-1) + \log_3(4x-7) \le 3$

(2) $\left(\log_{\frac{1}{9}} x\right)\left(\log_3 \frac{x}{9}\right) \ge -4$

(3) $\log_3(x-3)+\log_3(x+1)<1+\log_3 4$

(4) $(\log_3 x)^2-6\log_3\sqrt{x}+2<0$

CHAPTER

4 삼각함수

Workbook

학 과

학 번

이 름

제출일

동명대학교
TONGMYONG UNIVERSITY

문제 4.1.1 다음 각은 제 몇 사분면의 각인가?

(1) $40°$

(2) $145°$

(3) $-150°$

(4) $-330°$

문제 4.1.2 다음에서 육십분법을 호도법으로, 호도법은 육십분법으로 나타내어라.

(1) $60°$

(2) $-72°$

(3) $\frac{\pi}{9}$

(4) 2π

문제 4.1.3 원점 O와 점 $P(-6,\ 8)$을 지나는 동경 OP가 나타내는 각을 θ라고 할 때, θ에 대한 $\sin\theta$, $\cos\theta$, $\tan\theta$의 값을 구하여라.

문제 4.1.4 θ가 제4사분면의 각이고 $\cos\theta = \frac{5}{13}$일 때, $\sin\theta$, $\tan\theta$의 값을 구하여라.

문제 4.1.5 θ가 제2사분면의 각이고 $\tan\theta = -3$일 때, $\sin\theta$, $\cos\theta$의 값을 구하여라.

문제 4.1.6 다음 삼각함수의 값을 구하여라.

(1) $\sin 765°$

(2) $\cos 420°$

(3) $\tan 765°$

(4) $\sin\frac{13}{3}\pi$

(5) $\cos\frac{9}{4}\pi$

(6) $\tan\left(-\frac{11}{6}\pi\right)$

문제 4.1.7 다음 삼각함수의 값을 구하여라.

(1) $\sin(-45°)$

(2) $\cos\left(-\frac{3}{4}\pi\right)$

(3) $\tan\left(-\frac{\pi}{3}\right)$

문제 4.1.8 다음 삼각함수의 값을 구하여라.

(1) $\sin 240°$

(2) $\cos 210°$

(3) $\tan\frac{4}{3}\pi$

문제 4.1.9 다음 삼각함수의 값을 구하여라.

(1) $\sin 135°$

(2) $\cos\frac{5}{6}\pi$

(3) $\tan\frac{13}{6}\pi$

문제 4.2.1 다음 함수의 주기를 구하고, 그래프를 그려라.

(1) $y = \sin\frac{x}{2}$

(2) $y = 2\cos 2x$

문제 4.2.2 다음 함수의 주기를 구하고, 그래프를 그려라.

(1) $y = \tan\frac{x}{2}$

(2) $y = 2\tan 3x$

문제 4.3.1 다음 삼각함수의 값을 구하여라.

(1) $\sin 15°$

(2) $\cos 75°$

(3) $\tan 15°$

문제 4.3.2 α, β가 예각이고 $\sin\alpha = \frac{1}{2}$, $\cos\beta = \frac{3}{5}$일 때, 다음 값을 구하여라.

(1) $\sin(\alpha+\beta)$

(2) $\cos(\alpha+\beta)$

(3) $\tan(\alpha+\beta)$

문제 4.3.3 $\cos\alpha = -\frac{2}{3}$ $(\frac{\pi}{2} < \alpha < \pi)$일 때, 다음 삼각함수의 값을 구하여라.

(1) $\sin 2\alpha$

(2) $\cos 2\alpha$

(3) $\tan 2\alpha$

문제 4.3.4 반각의 공식을 이용하여 다음 값을 구하여라.

(1) $\sin 15°$

(2) $\cos 15°$

(3) $\tan 15°$

문제 4.3.5 $\cos\alpha = \frac{3}{5}$ $\left(\frac{3}{2}\pi < \alpha < 2\pi\right)$일 때, 다음 값을 구하여라.

(1) $\sin\frac{\alpha}{2}$

(2) $\cos\frac{\alpha}{2}$

(3) $\tan\frac{\alpha}{2}$

문제 4.3.6 다음 식의 값을 구하여라.

(1) $\cos 75° \sin 15°$

(2) $\sin 52.5° \sin 7.5°$

문제 4.3.7 다음 식의 값을 구하여라.

(1) $\sin 105° + \sin 15°$

(2) $\cos 75° + \cos 15°$

문제 4.3.8 다음 $\triangle ABC$의 넓이를 구하여라.

(1) $b = 6$, $c = 8$, $\angle A = 150°$

(2) $a = 3\sqrt{2}$, $c = 6$, $\angle B = 135°$

문제 4.3.9 $\triangle ABC$에서 $\angle A = 60°$, $\angle B = 45°$, $\overline{BC} = 10$일 때, $\overline{AC}$의 길이를 구하여라.

문제 4.3.10 $\triangle ABC$에서 $\angle A=45°$, $\angle B=75°$, $\overline{BC}=15$일 때, $\overline{AB}$의 길이를 구하여라.

문제 4.3.11 $\triangle ABC$에서 다음을 구하여라.

(1) $b=4\sqrt{2}$, $c=5$, $\angle A=45°$일 때, a의 값

(2) $b=3$, $c=4$, $\angle A=120°$일 때, a의 값

문제 4.3.12 다음 세 변의 길이로 $\triangle ABC$의 $\angle A$의 크기를 구하여라.

(1) $a=13$, $b=12$, $c=5$

(2) $a=13$, $b=7$, $c=8$

문제 4.4.1 다음 삼각방정식의 해를 구하여라. (단, $0 \le x < 2\pi$)

(1) $\sin x=-\dfrac{1}{2}$

(2) $\cos x=\dfrac{\sqrt{3}}{2}$

(3) $\tan x=1$

문제 4.4.2 다음 삼각방정식을 풀어라.

(단, $0 \le x < 2\pi$)

(1) $2\cos^2 x + 3\sin x - 2 = 0$

(2) $2\cos^2 x + \cos x - 1 = 0$

(3) $\cos 2x - 3\sin x + 1 = 0$

(4) $\cos 3x + \cos x = \cos 2x$

문제 4.4.3 다음 삼각부등식을 풀어라.

(단, $0 \le x < 2\pi$)

(1) $\sin x > \dfrac{\sqrt{3}}{2}$

(2) $\tan x > 1$

(3) $2\sin x + 1 < 0$

(4) $2\cos x < \sqrt{3}$

문제 4.4.4 다음 삼각부등식을 풀어라.

(단, $0 \le x < 2\pi$)

(1) $2\cos^2 x + 3\sin x - 2 < 0$

(2) $2\sin^2 x - 3\cos x \ge 0$

CHAPTER 4

연습문제

01. 다음에서 육십분법은 호도법으로, 호도법은 육십분법으로 나타내어라.

(1) $15°$

(2) $-420°$

(3) $\frac{25}{6}\pi$

(4) $-\frac{\pi}{10}$

02. $0 \le \theta < \pi$이고, $\cos\theta = -\frac{1}{3}$일 때, $\sin\theta$, $\tan\theta$의 값을 구하여라.

03. 좌표평면 위의 점 $P(5,\ 12)$에 대하여 동경 OP가 x축의 양의 방향과 이루는 각의 크기를 θ라고 할 때, $\sin\theta$, $\cos\theta$, $\tan\theta$의 값을 구하여라.

04. 다음 값을 구하여라.

(1) θ가 제2사분면의 각이고, $\sin\theta = \frac{3}{4}$일 때, $\cos\theta$, $\tan\theta$의 값

(2) θ가 제3사분면의 각이고, $\cos\theta = -\frac{3}{4}$일 때, $\sin\theta$, $\tan\theta$의 값

(3) $\pi < \theta < 2\pi$이고, $\tan\theta = 2$일 때, $\sin\theta$, $\cos\theta$의 값

05. $\cos\theta = -\frac{1}{2}$ $(\pi < \theta < \frac{3}{2}\pi)$일 때, $\sin\theta$, $\tan\theta$의 값을 구하여라.

06. 다음 함수의 그래프를 그리고, 주기를 구하여라.

(1) $y=\sin\left(2x-\frac{\pi}{3}\right)$

(2) $y=\cos\left(x-\frac{\pi}{6}\right)$

(3) $y=2\cos\left(x-\frac{\pi}{4}\right)+1$

(4) $y=\tan 3x+1$

07. 삼각함수 $y=2\sin 3x+4$의 주기, 최댓값과 최솟값을 구하여라.

08. 다음 삼각함수의 값을 구하여라.

(1) $\sin 105°$

(2) $\cos 15°$

(3) $\tan 75°$

09. 다음 삼각함수의 값을 구하여라.

(1) $\sin 20° \sin 40° \sin 80°$

(2) $\cos 20° \cos 40° \cos 80°$

(3) $\sin 80° - \sin 40° - \sin 20°$

(4) $\cos 20° - \cos 40° - \cos 80°$

10. 삼각함수의 덧셈정리를 이용하여 다음 값을 구하여라.

(1) $\cos \frac{\pi}{12}$

(2) $\sin \frac{5}{12}\pi$

(3) $\tan \frac{7}{12}\pi$

11. α는 제1사분면, β는 제2사분면의 각이고, $\sin\alpha = \frac{4}{5}$, $\cos\beta = -\frac{5}{13}$일 때, 다음 값을 구하여라.

(1) $\cos\alpha$

(2) $\sin\beta$

(3) $\sin(\alpha+\beta)$

(4) $\cos(\alpha+\beta)$

12. $\sin\alpha + \sin\beta = 1$, $\cos\alpha + \cos\beta = \frac{1}{2}$일 때 $\cos(x-y)$의 값을 구하여라.

13. $0 < \alpha < \frac{\pi}{2}$이고, $\sin\alpha = \frac{3}{5}$일 때, 다음 값을 구하여라.

(1) $\sin 2\alpha$

(2) $\cos 2\alpha$

(3) $\tan 2\alpha$

(4) $\sin\frac{\alpha}{2}$

(5) $\cos\frac{\alpha}{2}$

(6) $\tan\frac{\alpha}{2}$

14. 두 변의 길이가 6, 8이고 그 끼인각의 크기가 $60°$인 삼각형의 넓이를 구하여라.

15. $\overline{AB}=4\sqrt{2}$, $\overline{AC}=4$, $\angle C=45°$인 $\triangle ABC$에서 $\sin B$의 값을 구하여라.

16. $\triangle ABC$에서 다음을 구하여라.

(1) $\overline{AB}=4$, $\overline{AC}=5$, $\angle A=60°$일 때, $\overline{BC}$의 길이

(2) $\overline{AB}=40$, $\overline{AC}=32$, $\angle A=58°$일 때, $\overline{BC}$의 길이

(단, $\cos 58°=0.5299$로 하고, 계산값은 소수 둘째 자리에서 반올림한다.)

17. $\triangle ABC$에서 $\overline{AB}=6$, $\overline{AC}=4$이고, 넓이는 $12\sqrt{2}$이다. 이때 $\angle A$의 크기를 구하여라. (단, $\angle A$는 예각이다.)

18. 세 변의 길이가 다음과 같은 $\triangle ABC$에서 가장 큰 각의 크기를 A라고 할 때, $\cos A$의 값을 구하여라.

(1) 4, 5, 6

(2) 4, 3, 2

19. 다음 삼각방정식을 풀어라.

(단, $0 \le x < 2\pi$)

(1) $2\sin x - 4\sin x \cdot \cos^2 x - \cos 2x + 1 = 0$

(2) $\sec^2 x + \left(\frac{1}{\sqrt{3}} - \sqrt{3}\right)\tan x - 2 = 0$

(3) $\sin 2x = \cos x$

(4) $\sin 2x - \sin x = 4\cos x - 2$

20. 다음 삼각부등식을 풀어라.

(단, $0 \le x < 2\pi$)

(1) $\cos 2x - 3\sin x + 1 \le 0$

(2) $\sin x < \sin 2x$

(3) $2\sin^2 x + 5\cos x - 4 \le 0$

(4) $\tan^2 x - (\sqrt{3} - 1)\tan x - \sqrt{3} < 0$